白酒金三角地区应用型高校农学专业综合实训指导教材

酿酒专用粮综合实训教材

主　编　苟才明　张力天　谭兆云
副主编　邹成毅　李　嘉　蒲全波　张　伟
主　审　陈　波　杨川航

中国商业出版社

图书在版编目(CIP)数据

酿酒专用粮综合实训教材 / 苟才明，张力天，谭兆云主编. -- 北京 ：中国商业出版社，2025. 8. -- ISBN 978-7-5208-3533-6

Ⅰ. S51

中国国家版本馆 CIP 数据核字第 2025XX1139 号

责任编辑:蔡　凯

中国商业出版社出版发行

(www.zgsycb.com　100053　北京广安门内报国寺 1 号)

总编室:010－63180647　编辑室:010－83114579

发行部:010－83120835/8286

新华书店经销

武汉鑫佳捷印务有限公司印刷

*

787 毫米×1092 毫米　16 开　12.25 印张　270 千字

2025 年 8 月第 1 版　2025 年 8 月第 1 次印刷

定价:58.00 元

*　*　*　*

编审人员

主　编　苟才明（宜宾学院）　张力天（宜宾学院）　谭兆云（宜宾学院）

副主编　邹成毅（宜宾学院）　李　嘉（宜宾学院）

蒲全波（南充市农业科学院）　张　伟（宜宾学院）

编写者　**第一章**　苟才明（宜宾学院）

第二章　苟才明（宜宾学院）

第三章　谭兆云（宜宾学院）

第四章　张力天（宜宾学院）

第五章　张力天（宜宾学院）

第六章　谭兆云（宜宾学院）

第七章　邹成毅（宜宾学院）　蒲全波（南充市农业科学院）

张　伟（宜宾学院）　钟和平（宜宾长江源酒业有限责任公司）

第八章　李　嘉（宜宾学院）　邹成毅（宜宾学院）

苟才明（宜宾学院）　谭兆云（宜宾学院）

张力天（宜宾学院）　蒲全波（南充市农业科学院）

主　审　陈　波（宜宾学院）　杨川航（四川轻化工大学）

内容简介

作物综合实训课程是农学专业重要的实践教学环节，旨在通过实践操作，使学生掌握农作物选育、种植及管理的全流程技术，具备解决实际问题的能力。《酿酒专用粮综合实训教材》立足地方农业产业发展需要，结合酿酒专用粮生产的岗位工作所需，选用酿酒玉米、酿酒高粱、酿酒水稻和酿酒糯稻作为作物综合实训课程的主要作物，从基本技能、栽培技能、育种技能、种子生产技能、病虫害防治技能等方面全方位对学生进行实际训练。每项技能分别提出了训练目的、训练内容、训练步骤方法及具体考核标准和配分，学生在实践中深入理解理论知识，能将科研促进教学、教学服务生产、生产带动教学相结合。本书具有较强的实践操作性、易学性和实用性，编者长期从事酿酒专用粮教学和科研工作，具有丰富的实践经验，同时参考了多所农业院校同类作物的先进经验，调研了大量酿酒企业一线的意见和要求。本书可以独立设置一门课程单独讲授和训练，也可以作为专业理论教材的辅助课程，学生可以依据本书的具体要求独立自学，自我训练，也可以作为教师的主导实训教材，可供农学、作物遗传育种、种子科学与工程等植物生产类的本专科学生使用。

内容简介

[illegible]

前言

宜宾位于四川省南部，有3200多年的酿酒史，是多粮浓香型白酒的发源地，世界名酒五粮液就产于此地。宜宾夏季7月至8月高温高湿，粮食籽粒成熟快、蒸煮时间短、易糊化，因此具有酿酒专用粮生产的区域优势。酿酒原料的优劣与白酒品质息息相关，上等原料才能酿造成上等佳液，作为应用型地方高校的农学专业作物综合实训课程应立足当地特色农业产业发展需求，培养学生掌握农作物生产的基本原理、主要方法和基本技能，掌握最主要的实验技术和分析方法，具备分析问题和解决问题的能力，具有从事农业生产的专业精神、良好的职业道德和职业素质。因此，作物综合实训课程中的作物有必要选用当地酿酒产业的原料作物，即酿酒玉米、酿酒高粱、酿酒水稻和酿酒糯稻。

本书详细介绍了实训中关键设备的使用方法和注意事项，包括实训目的、材料、步骤等，规范了实训操作、数据处理和报告编写，配以丰富的实例和精确的示范，旨在强化学生的实训操作技能和规范性培养。全书共八章，分别为：酿酒玉米品种选育实训，酿酒玉米栽培技术实训，酿酒高粱品种选育实训，酿酒高粱栽培技术实训，酿酒水稻品种选育综合实训，酿酒糯稻品种选育综合实训，酿酒稻栽培技术综合实训，酿酒专用粮共性综合实训。体现了酿酒专用粮生产中普遍存在的规律和特征，也区分了不同酿酒原料作物在不同生产方式下的特殊性和差异性，便于学生系统地理论联系实际，用于岗位工作。每个酿酒专用粮作物实训内容丰富，主要包括特征特性、杂交技术、亲本选育，生产上的播种、肥水管理、效益分析等，从生产工作的实际需要出发，力求解决酿酒专用粮育种和栽培工作的系统思路问题，以全面的方式，从多个领域对学生进行综合训练，每个领域明确阐述了训练目标、具体内容、实施步骤以及详细的考核标准。

本书在编写过程中力求突出三个特点和注重两个结合。特点之一是独立性，本课程自成体系，可以作为一门独立课程设置进行单独授课；特点之二是全面性，内容涵盖了酿酒专用粮生产技术的主要技能项目，内容全面具体；特点之三是首创性，在国内外农学领域尚未出现酿酒专用粮生产类实训教材，属国内外首创。结合之一是与地方产业结合，酿酒产业是四川省现代农业“10＋3”产业体系和川南地区“5＋2”农业产业之一，能为地方产业发展培养人才；结合之二是与工作岗位结合，书中所列训练项目参考了企业工作岗位的实际需要，学生学完能在工作岗位上使用，密切了理论与实践的结合，缩短了学校与企业的距离。

编写《酿酒专用粮综合实训教材》是一项较难且工作量较大的工作，主要是因为国内外相关研究报道少，可借鉴查阅的资料少，故本书主要来源于编者在教学科研工作中的经验积累和企业的走访调研，目前没有一个固定模式和一套规范的标准。本书仅仅作了一些初步尝试，尽管在编写中参阅了多所农业院校同类型作物的先进经验，也听取了来自企业和生产一线工作人员的意见，但仍然会存在诸多问题，恳请师生在使用过程中及时发现、及时总结、及时反馈，以便我们再版时加以修订，为使用者提供更优质、更适用的教材。

编　者

2025 年 5 月

目录

第一章　酿酒玉米品种选育实训

综合实训一　酿酒玉米特征特性的识别

一、实训目的

让学生了解酿酒玉米生产的意义，掌握酿酒玉米的特征特性，明确酿酒玉米品种审定标准。

二、实训场所、用具及材料

（1）训练场所：实训室。

（2）用具及材料：多媒体设备，《四川省特用玉米审定标准》《酿酒专用粮 玉米技术规程》等资料。

三、实训内容

（一）酿酒玉米生产现状

1. 酿酒玉米生产意义

宜宾有着3200多年的酿酒史，积淀深厚，是多粮浓香型白酒的发源地，酒类工业是宜宾的支柱产业。玉米是多粮浓香型白酒酿造原料之一，宜宾的玉米地方品种曾为当地酿酒业早期的发展壮大作出了巨大贡献，但随着本地酒类企业需求量增大，每年酿酒所需的大部分玉米原料靠外地调入，为降低成本，建立原料供应基地，选育或引进筛选出适应宜宾地区种植的酿酒玉米品种显得十分必要。所谓酿酒玉米，是根据当地酒业需要培育出的适合酿造多粮浓香型白酒的优质玉米品种，不仅要具备一个品种所具备的产量高、抗性强、适宜性广等特征，而且要达到酿酒企业加工所需的品质要求。

2. 酿酒玉米发展状况

宜宾市位于四川省南部，素有“万里长江第一城”之称，目前共有耕地24万 hm^2，其中玉米常年播种面积7万 hm^2，平均产量480 $kg/667m^2$，总产50.4万t。21世纪，宜宾市委、市政府着力发展“5＋2”特色产业，把白酒产业列为宜宾经济发展的“一号产业”，规划兴文县、珙县、筠连县为酿酒专用玉米主产区，到2025年全市酿酒专用玉米稳定在1.33万hm^2，产量达8万t。为加强酿酒专用粮产业发展，形成研发合力，组建了一支由宜宾学院、宜宾市农业科学院和四川省酿酒专用粮工程技术中心共3家单位相关高级专家构成的宜宾酿酒专用粮创新团队，从事酿酒专用玉米新品种选育及配套栽培技术研究。2019年3月，荣廷昭院士及团队正式领衔宜宾酿酒玉米创新攻关，相关工作取得重大进展。一是制定酿酒玉米品质标准，2020年制定了《酿酒专用粮玉米》和《酿酒专用粮玉米绿色生产技术》标准，在国内首次明确多粮浓香型酿酒玉米关键品质指标及标准。二是选育筛选出酿酒专用粮玉米新品种显玉509、福康玉909和川单99，解决了酿酒专用粮本地化生产的品种难题，初步实现了原料溯源。三是首次提出酿酒玉米杂优模式，构建了浓香型酿酒玉米高效育种技术体系，提高育种效率。

（二）酿酒玉米品质特征

1. 玉米品质对酒质的影响

浓香型白酒以浓香甘爽、风味芳香、绵甜、香味协调为特点，按发酵原料不同分为单粮型和多粮型，五粮液顾名思义由5种粮食酿造而成，包括高粱含量为36％、大米含量为22％、糯米含量为18％、小麦含量为16％、玉米含量为8％。实践证明，以高粱为原料所酿的白酒香、以大米为原料酿产的白酒净、以玉米为原料所酿的白酒甜、以糯米为原料所酿的白酒绵、以小麦为原料所酿的白酒糙，浓香型白酒正是利用各种粮食间互补，使酒中各微量成分比例协调，在味觉层次上提供较为全面的物质基础，从而使酒体丰满，风味独特。现有研究发现，同一种原料中不同品种对白酒产量和品质的影响也不同，甚至同一品种产地不同对白酒产量和品质也有一定的影响，原料是白酒生产的第一要素，优质原料才能酿造上等佳酿。玉米营养丰富，是工业微生物发酵的理想原料，它主要含有淀粉、蛋白质、脂肪、粗纤维、灰分、植酸等物质，这些物质含量的多少与白酒的品质和产量存在一定的关系。

（1）淀粉。它是决定出酒率的一个重要因子，从理论上讲，每1 kg淀粉可生产65°白酒0.98 kg左右，所以原料中淀粉含量越高其出酒率越高；另外，酿酒微生物生长发育也需要淀粉做其营养物质。根据淀粉不同结构，可分为直链淀粉和支链淀粉，直链淀粉分子量为几万，易溶于温水，溶液黏度不大，易糊化，而支链淀粉分子量为几万至几十万，难溶于温水，溶液黏度偏大，糖化速度较慢，且易留有β-界限糊精。现有研究表明，支链淀粉出酒率高于直链淀粉，但易粘锅，从而给酒带来杂味。玉米淀粉结构紧密、质地坚硬，故蒸煮时间长，难以与其他4种粮食同步糊化，考虑到蒸煮时间长，若将玉米粉碎度提高，则其吸水量会增大，在发酵时会产生较多的糖醛，使酒呈焦苦味。

(2) 蛋白质。它是酿造微生物生长繁殖的主要营养物质，在酿酒发酵过程中，当料液中含氮量适中时，酶含量高，酵母繁殖良好，曲酶菌丝生长旺盛，蛋白质分解产物可能产生多种醇、酸、酯等芳香物质。当蛋白质过量时，它一方面有碍于糖化和发酵，使酒味不净，冲辣带臭，同时也不利于原料蒸煮糊化；另一方面，蛋白质经蛋白酶、酵母或糖化菌的作用生成氨基杂醇油，而杂醇油是异丁醇、异戊醇等一些高级醇的总称，具有强烈的气味，在人体内氧化分解速度慢，易引起剧烈头痛。由此可见，蛋白质含量过高不仅影响酒的品质，而且危害人体健康，所以其含量一定要适中。

(3) 脂肪。玉米胚较大，胚芽中脂肪含量占原料重量的5%左右，脂肪在酿酒发酵过程中不仅不被微生物利用，而且对发酵具有一定的阻碍作用，导致白酒邪杂味重，酒质粗糙，往往超过国家卫生标准。

(4) 灰分。即矿物质，属无机物成分，玉米中的磷、硫、锰、钙、钾等成分，不仅具有调节渗透压的作用，而且是酿酒微生物细胞和辅酶的重要组成成分。

(5) 粗纤维。包括纤维素、半纤维素等主要成分，以结合的状态存在，半纤维素含有果胶，而果胶是生成甲醛的主要物质来源，所以为了降低白酒中的甲醛含量，应控制原料中纤维素含量。

(6) 植酸。据许多资料记载，植酸经发酵分解为磷酸和肌醇，磷酸可促进甘油生成，甘油和肌醇使白酒呈醇甜味，虽然玉米含植酸较多，且在实际生产中玉米酒确实比其他原料酒更具有甜味感，但许多白酒成分分析研究发现，在玉米酒中难以检测到磷酸和肌醇，即使检测到，其含量也较少，难以形成醇甜感。

2. 酿酒玉米品质特征

玉米是酿造多粮浓香型白酒的主要原料之一，对形成多粮浓香型白酒特色风格具有基础性、关联性作用。不同地区的玉米和不同品种的玉米，其成分含量也不同，玉米原料的优劣与浓香型白酒的品质风味息息相关。宜宾绝佳的生态环境，被联合国教科文组织及粮农组织认定为“在地球纬度上最适合酿造优质纯正蒸馏白酒的地区”，宜宾4000多年的酿酒史，是一部不断寻找好粮酿好酒的历史。《酿酒专用粮玉米》标准规定了酿酒专用玉米的术语和定义、指标要求、检验方法、检验规则、标签标识和包装、储存及运输。所谓酿酒专用玉米是指籽粒呈黄色，为马齿或半马齿型，总淀粉（干基）≥70%，粗脂肪（干基）≤4.5%的玉米品种。其质量指标、食品安全指标见表1-1。

表 1-1 酿酒玉米质量指标

项目		指标要求
色泽、气味		正常
一致性/（%）	≥	95
容重/（g/L）	≥	660
不完善粒/（%）	≤	6.0
霉变粒/（%）	≤	2.0
杂质含量/（%）	≤	1.0
害虫密度/（头/kg）	≤	3
水分/（%）	≤	14.0
总淀粉（干基）/（%）	≥	70
粗脂肪含量（干基）/（%）	≤	4.5
粗蛋白质（干基）/（%）	≤	11.0
脂肪酸值（KOH/干基）/（mg/100 g）	≤	50.0
注：金属类杂质、熏蒸药剂残留物等不得检出		
安全指数要求		
项目		指数
$P_{N真菌毒素}$	≤	0.5
$P_{N污染物}$	≤	0.5
$P_{N农药残留}$	≤	0.5

（三）酿酒玉米生产特点

宜宾市位于四川省南部，东邻泸州市，南接云南省昭通市，西接凉山彝族自治州和乐山市，北靠自贡市，这些地区生态条件区域差异大，垂直分布明显，农业立体性强，其复杂的地形地貌及多变的气候生态环境，形成了丰富的适应本地区不同生态环境和种植要求的玉米地方品种，这些地方品种在早期为宜宾市的酿酒业发展作出过重大贡献。然而，随着本地酒类企业需求量增大，玉米地方品种产量偏低，加之酿酒原料基地建设滞后，导致宜宾市酿酒玉米原料供需矛盾突出，目前大部分靠外地调入，所以急需选育或筛选出适应本地区种植的酿酒玉米品种。另外，玉米品质和产量属于数量性状，由微效多基因控制，选育高产优质杂交种是提高玉米产量和品质的直接有效途径，但玉米产量和品质也受生态因素和栽培措施的综合影响。

生产实践证明，不同玉米品种在不同生态区和栽培条件下的生长发育存在较大差异，改善环境和栽培措施能在一定程度上提高玉米产量和品质，达到高产优质的双重效果。因此，为降低成本，满足宜宾市酿酒工业对玉米原料的需求，开展酿酒玉米原料研究，充分利用基因型与环境互作原理，实行生态育种，并在坚持高产、优质等共同育种目标的基础上，着重解决淀粉、蛋白质、脂肪等含量的问题以及产品外观性问题，选育或筛选出适应宜宾地区生态条件的酿酒玉米原料的新品种，充分发挥宜宾地区生产酿酒玉米原料的区域优势，不仅是满足宜宾市酿酒工业发展的需要，也是现代农业结构调整的发展方向所需，更是农业增效、农民增收的有效途径。根据《关于印发四川省水稻玉米品种审定标准（2022 年修订）的通知》（川农品审〔2022〕2 号），对酿酒玉米产量、品质、抗逆性做了全面规定，详情见表 1-2。

表 1-2 酿酒玉米品种审定指标

品种类型	酿酒玉米			
产量	区试两年平均产量比 CK±%	稳产性		备注
		区试、生产试验年度增产点率%	区试、生产试验年度差点率%	
	0.0	—	—	粗淀粉含量（干基）≥75.0%，区试年度平均≥0.0%，生产试验平均≥0.0%
	≥3.0	≥60	＜40	75%＞粗淀粉含量（干基）≥72.0%，区试年度平均≥2.0%，生产试验平均≥0.0%
品质	容重	粗淀粉含量（干基）	粗蛋白含量（干基）	粗脂肪含量（干基）
	≥690 g/L	≥72%	≥9.0%且≤11.0%	≤4.0%
抗逆性	抗伏、倒折率	空秆率	抗病性	
	＜10%	—	穗腐病田间自然发病率抗以上，人工接种鉴定不能连续两年为感，其余病害抗性要求同相应组别普通玉米	

四、 实训步骤方法

（1）了解酿酒玉米生产的意义，生产地的气候环境条件和生产现状。

（2）掌握酿酒玉米品质指标、食品安全指标。

（3）掌握酿酒玉米新品种产量、品质、抗逆性指标要求。

五、 考核标准及配分

本技能满分 100 分，合格标准要求达到 80 分。

（1）酿酒玉米生产背景及现状，20 分。

（2）酿酒玉米产品指标要求，40 分。

（3）酿酒玉米新品种指标要求，40 分。

六、作业

根据你家乡生态环境条件，拟定一份酿酒玉米品种选择及生产实训报告。

综合实训二　酿酒玉米种质资源研究分析

一、实训目的

明确酿酒玉米种质资源在酿酒玉米育种工作中的作用，掌握酿酒玉米种质资源收集、整理和保存的技术要求；能够正确进行酿酒玉米种质资源收集、整理和保存。

二、实训场所、用具及材料

（1）训练场所：种质资源丰富的地区、实训室。

（2）用具及材料：照相机、摄像机、放大镜、卷尺、标签、原始记录卡片、记录本、铅笔、地形图、交通图、生石灰、氯化钙、硅胶、种子袋、密闭容器、铁锹、标本夹等。

三、实训内容

酿酒玉米种质资源是酿酒玉米品种选育的基础，酿酒玉米种质资源的研究分析包括酿酒玉米种质收集、整理和保存等环节。

（一）酿酒玉米种质资源收集

我国玉米种质资源集中分布在从东北向西南走向的狭长地带，从东北黑龙江、吉林、辽宁，向西南经内蒙古南部、河北、山西、山东、河南、陕西南部、湖北、四川至贵州、云南、广西等，这个密集带集中了 9642 份种质资源，占全国总数的 89.9%，其中，宜宾位于四川省南部，处于川、滇、黔三省接合部，种植玉米的区县主要有筠连县、高县、兴文县、珙县、屏山县及宜宾县，这些地区及周边地区因其复杂的地形地貌及多变的气候生态环境，栽培玉米经长期的自然选择和人工选择，形成了适应本地区不同生态环境和种植要求的玉米地方品种。这些地方品种在早期为宜宾市酿酒业的发展作出了重大贡献，因其蕴藏着复杂多样的遗传基因，也为后期酿酒玉米杂交种的选育创造了有利条件。

（1）查阅有关资料，确定收集地点和路线。了解自然地理条件，如地形、地质、土壤、水文、气象、植被等情况，准备考察地区的地形图和交通图，了解农业生产情况，如玉米种植面积、耕作制度、栽培技术、主要病虫害、农业发展史、农业区划、农业发展规划等，查阅玉米种质资源资料，如品种志、品种资料目录、品种试验总结、以往的考察报告、引种报告、育种成果等。

（2）确定收集时间。酿酒玉米种质资源收集的时间，应根据不同玉米品种种类确定，收集时间最好是接近成熟期。

（3）确定收集方法。玉米及其近缘野生种，必须有花和果实；采集到的植株和种子应及时挂标签，在标签上用铅笔写明采集时间、地点、品种名称和采集人，注意同一品种的植株和种子编号要一致，并记入原始记录卡片内；原始记录卡片用较厚的卡片纸制成，大小以携带方便为宜，两面印刷，卡片颜色以白色为好，也可以是浅灰色、浅蓝色、浅绿色等；对全株全貌、植株形态特征、采集地点的生态环境全景和采集过程进行摄影、录像，积累图像信息资料。

表 1-3　酿酒玉米种质资源原始记录卡片

名称：　　　　　　收集人：　　　　　　收集时间：

<table>
<tr><td>原位点号</td><td colspan="5"></td></tr>
<tr><td>地点</td><td colspan="5"></td></tr>
<tr><td colspan="3">位置（离基点的方向和距离/km）</td><td colspan="3"></td></tr>
<tr><td>东经</td><td></td><td>北纬</td><td></td><td>海拔</td><td></td></tr>
<tr><td>地形</td><td colspan="2"></td><td>生态环境</td><td colspan="2"></td></tr>
<tr><td>坡面</td><td colspan="2"></td><td>坡度</td><td colspan="2"></td></tr>
<tr><td>土壤类型</td><td colspan="2"></td><td>土壤肥力</td><td colspan="2"></td></tr>
<tr><td>平均温度</td><td colspan="2"></td><td>最高温度</td><td colspan="2"></td></tr>
<tr><td>最低温度</td><td colspan="2"></td><td>降雨量</td><td colspan="2"></td></tr>
<tr><td>学名</td><td colspan="5"></td></tr>
<tr><td>生长习性</td><td colspan="2"></td><td>生育周期</td><td colspan="2"></td></tr>
<tr><td>形态特征</td><td colspan="5"></td></tr>
<tr><td>分布面积</td><td colspan="2"></td><td>种群数量</td><td colspan="2"></td></tr>
<tr><td>危害因素</td><td colspan="5"></td></tr>
<tr><td>危害状况</td><td colspan="5"></td></tr>
<tr><td>多样性评价</td><td colspan="5"></td></tr>
<tr><td>备注</td><td colspan="5"></td></tr>
</table>

（二）酿酒玉米种质资源整理

按照全国统一制定的鉴定标准，对不同时期从不同源地征集的纷繁复杂、类型多样的种质资源，采取田间种植的形态观察鉴定与室内分析相结合的方法，进行农艺性状、品质性状及其特性的系统鉴定和整理。

经初步整理的材料，可按原产地、亲缘关系、品种生态类型进行分类登记，如以杂交育种选配亲本为主要目的进行种质资源收集时，多按主要性状进行分类，可分为株高、熟期、产量性状、抗病性等类别，并按顺序编号登记。

（三）酿酒玉米种质资源保存

（1）保存环境。玉米种质资源应存放在阴凉、干燥、通风良好的地方，避免阳光直射和潮湿环境。储存环境的温度应控制在 10℃ 以下，以减少种子的呼吸作用，降低营养消耗。

（2）防潮和防虫。种子应存放在密封容器中，以防止潮湿和虫害。避免将种子与农药、化肥等可能产生挥发性气体的物质放在一起，以免影响种子的发芽率。

（3）定期检查。定期检查种子的状态，及时处理异常情况，如发现种子发霉或变质应及时处理。

（4）长期保存技术。对于需要长期保存的种子，可以采用低温保存的方法，将种子放入冰箱中保存，以延长其保存时间。

四、 实训步骤方法

（1）查阅资料，了解种质资源基本情况。

（2）种质资源收集，分组讨论确定收集酿酒玉米种质资源的种类和数量、方法，开始收集并作好记录。

（3）种质资源整理和保存，对收集的种质资源进行室内分析、整理，并填写种质资源分类登记表。

表 1-4　种质资源登记表

编号	名称	别名	原产地	征集地	征集时间	种子生产年代	主要性状	备注

五、 考核标准及配分

本技能满分100分，合格标准要求达到60分。

（1）收集地点、路线和时间确定准确，10分；

（2）采集种子和标本具有代表性，20分；

（3）种子和标本编号正确，10分；

（4）填写原始记录卡片符合要求，20分；

（5）准确填写种质资源登记表，20分；

（6）正确进行种子干燥密封保存，20分。

六、 作业

设计在宜宾及周边地区酿酒玉米的种质资源考察路线、收集方法、整理方法和储藏方式。

综合实训三　酿酒玉米自交及杂交技术

一、 实训目的

使学生了解酿酒玉米花器构造和开花习性，掌握酿酒玉米自交和杂交技术。

二、 实训场所、 用具及材料

（1）训练场所：试验农场。

（2）用具及材料：玉米各种类型自交系，羊皮纸袋（雌、雄花袋）、剪刀、酒精盒、脱脂棉花、70%酒精、曲别针、小绳等。

三、 实训内容

（一）玉米花器构造及开花习性的观察

1. 玉米花器构造

玉米是典型的异花授粉作物，雌雄同株异花，属单性花。玉米雄花序为圆锥花序，通常称雄穗，由主轴和分枝构成，主轴顶部和分枝着生许多成对小穗，每个小穗由两片护颜和两朵雄花组成，每朵雄花由一片内颖和一片外颖，三个雄蕊和一个退化雌蕊组成，雄蕊分花丝和花药两部分。

玉米雌花序为肉穗状花序，通常叫雌穗。由穗柄、苞叶、穗轴和雌小穗组成。穗轴上着生许多成对纵行排列的小穗，小穗无柄，每个小穗，有两朵花，一个是正常花，一个是退化花，正常花由内颖、外颖、雌蕊组成，雌蕊由房和花柱（也叫作花丝）构成，花柱很长呈丝状，顶端二裂，着生茸毛，并分泌黏液，便于粘住花粉。花枝各部分都有接受花粉而完成受精的能力。

2. 开花习性

雄穗一般比雌穗早抽出 3～4 d。雄穗抽出后 2～3 d 开始开花。开花的顺序是从主轴中上部开始，然后由此向上向下依次开放。侧枝开花顺序也是如此。玉米雄穗虽然昼夜均能开花，但以每天 8:00—10:00 时开花最多，午后开花显著减少。

玉米雄穗开花与温度、湿度条件有密切关系。温度 25～28℃和相对湿度 70%～90% 开花最多。温度低于 18℃或高于 38℃，雄花不开放，相对湿度低于 60%时开花很少。花粉生活力在温度 28～30℃和相对湿度 65%～80%的田间条件下，能保持 5～6 h，8 h 后显著下降，到 24 h 后完全丧失生活力。

通常果穗中下部的花丝先伸出，而后下部、上部的花丝陆续伸出。花丝从开始伸出到结束一般需 5～7 d。花丝一抽出就具有受精能力，受精后花丝逐渐干枯，如未受精，花丝可以继续伸长。花丝的受精能力可维持 10 d 以上，以抽出后 2～3 d 受精能力最强。

综上所述，根据雌、雄穗的开花习性，可以知道：雄穗在始花后的 2～4 d 散粉最多，8:00—10:00 时的花粉生活力最强，应该在这个时候采集花粉，并在雌穗吐丝后的第 2～4 d 内授粉，由于这时雌穗花丝已基本抽齐，生活力也强，授粉后结实率也就越高。

（二）自交方法

1. 套袋隔离

在玉米雌穗抽出叶鞘未吐丝时，根据育种目标，选择生长良好、无病害植树用羊皮纸袋套住雌穗进行隔离。等到花丝抽出 1 cm 长时，在授粉前一天下午，再用羊皮纸袋将雄穗套住。袋口用回形针扣紧，以免被风吹落。

2. 授粉自交

一般在 8:00—10:00 时进行。采集花粉时，应将父本雄穗稍稍弯下，轻轻地抖动套在雄穗上的纸袋，使花粉散落在纸袋内，除去回形针，小心取下雄花袋。而后取下雌穗上的纸袋，观察雌穗上花丝情况，如果花丝过长，用剪刀剪去一部分，立即用收集的本株花粉进行授粉。授粉完毕，雌穗仍套上纸袋，挂上标牌，写明品种名称、自交符号和自交日期。

（三）杂交方法

酿酒玉米杂交方法与自交方法相似，根据育种目标选择好的父母本植株，当母本雌穗抽出叶鞘未吐丝前进行套袋，吐丝后，在授粉前一天将父本雄穗套袋，次日从父本雄穗取下花粉授给母本雌穗。授粉后，雌穗仍套上纸袋，挂上标牌、注明杂交组合名称和授粉日期。

四、 实训步骤方法

（1）观察玉米花器构造和开花习性。

（2）选择需要进行自交和杂交的植株。每个学生进行自交和杂交10穗，亲自参加套袋。

（3）自交和杂交操作。每个学生亲自参加授粉，成熟时检查结实情况。

五、 考核标准及配分

本技能满分100分，合格标准要求达到80分。

（1）选择植株和果穗正确，20分。

（2）自交和杂交程序科学，操作项目全面，40分。

（3）杂交结实率高，40分。

六、 作业

完成一份酿酒玉米自交和杂交实训报告。

综合实训四　酿酒玉米自交系的选育

一、 实训目的

通过参观和练习，使学生了解酿酒玉米自交系选育的全过程，掌握选育酿酒玉米自交系的主要环节。

二、 实训场所、 用具及材料

（1）训练场所：试验农场。

（2）用具及材料：选育玉米自交系的基本材料：S_0、S_1、S_2、S_3、S_4 等及玉米自交系；套玉米雌穗和雄穗用的纸袋、标牌、铅笔、曲别针、记录本等。

三、 实训内容

（一）酿酒玉米自交系的来源

在练习玉米自交方法的基础上由教师带领观察玉米自交当代（S_0）、自交一代（S_1）、自交二代（S_2）、自交三代（S_3）、自交四代（S_4）以及以后各世代性状的变化，直至性状稳定一致成为自交系为止。

（二）酿酒玉米自交系的选育

1. 系谱选择法

系谱选择法是 Hayes 等（1939）提出的，这种方法和常规方法的主要区别在于选育自交系时，所用的亲本原材料是按计划组配的杂交种，组配杂交种的亲本也是经过选择的具有许多优良性状的自交系。用这些自交系组成杂交种作为原始材料，以后就按常规的方法和程序选育自交系，因此也是常规方法的发展和补充。用这种方法选育自交系，从亲本的来源一直到自交系的育成，都有明确的系谱可查，对分析自交系亲缘关系和组配杂交种是有价值的。

2. 单穴法

单穴法是 Jones 和 Singleton（1934）提出的，这种方法和常规方法的区别在于对自交后代的种植方式。单穴法是把自交果穗在田间种成每穗一穴 3 株，而不是像常规种成穗行。采用单穴法选育自交系可以增加原始自交穗数和节省试验地面积。但主要的缺点是自交后代株数过少，因而限制了在分离世代中系内的选择机会。在实际工作中，很少采用这种方法。

3. 单行选择法

高学曾（1980）介绍了法国卡瓦杜尔（Cavadour）种子公司的自交系单行选择法。这种方法原是美国卡吉尔种子公司创造的，是在常规法和系谱法基础上的改进。

（三）酿酒玉米自交系的鉴定

1. 目测鉴定

对玉米自交系的性状进行观察记载和评选。主要鉴定玉米自交系的产量、抗病性、生育期、株高、穗位、抗逆性、穗部性状、雄穗大小、花粉多少、叶片性状及长相等来比较鉴定玉米自交系的好坏。

2. 配合力的测定

（1）一般配合力的测定。在测定一般配合力时，用品种、综合种做测验种，因其遗传基础复杂，包含有各种不同的配子，可以测出一般配合力。再对一般配合力高的自交系测定其特殊配合力，选出所需要的优良杂交种。

（2）特殊配合力测定。所谓特殊配合力，则是自交系间控制性状的有利基因互作的结果，属于显性和上位性遗传效应。只有用一般配合力高的自交系为亲本，再经过自交系间合理的组配，以获得高的特殊配合力的组合，才能选育出最优的杂交种。

从选育杂交种的目的出发，目前自交系配合力的测定，一般都是按照杂种优势模式的原理，从一个杂种优势类群材料间杂交后代中选择的待测系，应该从杂种优势模式的对应杂种优势类群中选择育种骨干自交系作为测验种，把配合力测定与杂交组合选配结合融为一个整体。

四、实训步骤方法

(1) 观察比较酿酒玉米自交系各世代植株特征特性；

(2) 在教师的指导下熟悉酿酒玉米自系选育程序；

(3) 练习酿酒玉米自交系配合力测定方法；

(4) 根据配合力测定数据分析玉米自交系的配合力高低，并学会评判玉米自交系的优劣。

五、考核标准及配分

本技能满分 100 分，合格标准要求达到 80 分。

(1) 明确自交系选育过程中不同世代特征差异，20 分；

(2) 熟练掌握系谱法选育酿酒玉米自交系的程序，40 分；

(3) 掌握酿酒玉米自交系不同世代配合力测定方法，20 分；

(4) 根据配合力测定结果和自交系农艺、经济性状田间表现，学会判断自交系的优劣，20 分。

六、作业

通过参观和实际操作，用文字简述选育酿酒玉米自交系的过程。

综合实训五　酿酒玉米杂交种选育

一、实训目的

通过对酿酒玉米杂交育种各试验圃的观察，了解各试验圃的田间排列、试验任务工作内容和实施方法，掌握酿酒玉米杂交种选育的程序。

二、实训场所、用具及材料

(1) 训练场所：试验农场。

（2）用具及材料：皮尺、铅笔、记录本等。

三、 实训内容

玉米杂交育种工作，难点在选育优良自交系，重点在选配优良杂交种，核心是鉴定双亲的一般配合力和特殊配合力，大量的工作是多年多点杂交组合的鉴定试验，筛选出双亲特殊配合力高、综合性状优良的杂交组合。杂交、选择、鉴定是酿酒玉米杂交育种的重要环节。通过杂交促进亲本基因结合于同一杂种个体中，在杂种后代杂合基因的分离和重组过程中，选出符合育种目标的纯合型重组自交系，根据杂优类群和杂优模式，组配杂交组合，再通过一系列试验，鉴定各组合的生产力、品质和适应性，使之成为符合育种目标的新品种。

（一）杂优类群与杂优模式

玉米育种的核心是利用杂种优势，而杂种优势利用是一个系统工程，从育种种质的选择开始，经过改良，从中选出自交系，到组配成优良杂交种等各个环节的关系是紧密相连的。因此，合理选择亲本种质是选育优良自交系和杂交种取得成效的基础。而对亲本种质的合理选择及运用，关键在于对玉米遗传种质的来源、系谱关系及遗传差异的分析和掌握程度，并据此将玉米种质合理地划分为不同的杂种优势类群，建立起相应的杂种优势组合模式。在同一优势类群中，有目的地选择优良自交系或合成综合群体，有计划地改良创新，与来源于不同优势群的自交系，根据杂种优势模式进行组配，这样可以大大减少盲目性，提高育种效率，同时也可避免玉米种质亲缘关系混杂和杂种优势模式的混乱。因此，正确划分种质优势类群并建立起相应的杂种优势模式是玉米育种取得成功的重要策略。

（二）亲本玉米自交系的选择

优良自交系是选配优良杂交种的基础，有了优良自交系，就可以根据亲本选配原则，通过一定的选配程序和方法，组配、评选和鉴定出适合本地需要的优良杂交种。亲本自交系的选择，首先应遵循杂种优势模式的原则，选择不同杂种优势类群间的自交系组配杂交组合；其次是根据配合力的大小、亲缘关系远近、性状互补和有利于种子生产等优良性状，将具有不同遗传特点、不同优良性状的双亲组合在一起，使双亲的各个优良性状得到最大限度的发挥和互补，获得一个杂种优势强、性状优良的杂交种。

（1）具有较高的配合力。自交系配合力的高低决定着玉米杂交种的产量，双亲配合力高，玉米杂交种的产量就高。反之，杂交种产量就低。

（2）具有良好的农艺性状并互补。只有亲本性状优良，才能组配出符合育种目标的杂交种。

（3）亲本之间的地理距离和亲缘关系远、遗传差异大。地理距离远、亲缘关系远的双亲所组配的杂种优势大。反之，杂种优势小。

（4）亲本自身产量高，两亲花期相近。亲本产量高是提高繁殖亲本和杂交制种产量的重要基础，尤其是目前生产上广泛推广单交种，亲本自交系的产量高低显得更为重要。

（三）酿酒玉米杂交种鉴定

酿酒玉米杂交种鉴定通常涉及一个多层次的鉴定体系，要经历杂交种初步鉴定试验、产量比较鉴定试验和多点多年鉴定等程序。

（1）初步鉴定试验阶段。由于组配的组合较多，应在1～2个环境中进行鉴定，该阶段一般不设重复，进行1年。

（2）产量比较鉴定试验阶段。从初步鉴定试验中选择优良组合在3～4个等环境中进行产量比较试验，该阶段一般设2～3次重复，进行1年。

（3）多点多年鉴定阶段。从产量比较试验中筛选出的优良组合要在更多环境条件下进行多点多年的鉴定，一般不设重复，要进行2年甚至更多年份的鉴定。鉴定时重点考察的性状包括：①产量性状（产量调整为14%含水量），如是适宜籽粒机收杂交种，应考察收获时籽粒的含水量；②容重；③抗倒性；④雌雄开花间隔时间；⑤抗寒性、抗旱性；⑥抗病性；⑦综合外观性状。

四、实训步骤方法

（1）掌握酿酒玉米杂优类群和杂优模式，明确玉米自交系的血缘关系；

（2）学生分组参观学院实训基地酿酒玉米自交系亲本圃，听取基地教师对亲本圃自交系的介绍，详细了解各自交系的亲缘关系和特征特性；

（3）根据育种目标和亲本特性，根据酿酒玉米杂交组合组配原理，学生分组配制杂交组合（50个）；

（4）在教师的指导下，参观杂交组合鉴定试验，学会评判杂交组合的优劣。

五、考核标准及配分

本技能满分100分，合格标准要求达到80分。

（1）明确酿酒玉米杂优类群和杂优模式，30分；

（2）熟练掌握酿酒玉米自交系组配原理，30分；

（3）掌握酿酒玉米杂交组合鉴定方法和程序，学会判断酿酒玉米杂交组合的优劣，40分。

六、作业

通过参观和实际操作，用文字简述酿酒玉米杂交种的选育过程。

综合实训六　酿酒玉米制种及亲本繁殖技术

一、实训目的

使学生掌握杂交玉米制种和自交系繁殖的技术。

二、实训场所、用具及材料

（1）训练场所：试验农场。

（2）用具及材料：杂交玉米制种田和自交系繁殖田，玉米采粉器（学生自制）、小竹筒（直径 3 cm、长 8～10 cm）、细纱布、橡皮圈。

三、实训内容

（一）酿酒玉米制种

1. 选地隔离

应选择地势平坦，土壤肥力均匀，排灌条件较好的土地作为制种地。空间隔离距离不少于 300 m，时间隔离应不少于 20 d。

2. 规格播种

主要掌握合理的行比、行向和花期相遇问题，以提高制种产量。

（1）行比。一般母本∶父本为 2∶1，也可以根据亲本高度、花粉多少和生长强弱等采用 3∶1 或 2∶2 等。

（2）行向。以东西行向为好，有利于借风传播。

（3）父母本播种期调节。主要根据父母本的生育期来调整，如父母本生育期不同，那就根据相差天数来调节。原则上晚抽穗的早播，早抽穗的晚播，具体错期天数需根据制种的杂交组合而定。播种时要求做到严要求，高标准，工作细致，保证一次全苗。

（4）间苗补苗。两叶期检查缺苗情况，及时补苗，补苗时要父母本分别补，4～5 叶进行间苗结合中耕追肥。

3. 去杂

间苗去杂是保证制种质量的有效措施，分四次进行：第一次在苗期，根据叶片和叶鞘的颜色，结合间苗进行；第二次在拔节期，根据植株拔节的早晚、长势、形态等不同进行去杂；第三次在抽雄期，根据雄穗的分枝多少、花药颜色、雌穗花丝的颜色进行去杂；第四次在收获时，根据穗形、粒形、粒色、轴色等进行去杂。

4. 去雄和人工授粉

去雄和人工授粉是提高制种产量和确保种子质量的关键时期。必须做好下述几项工作：

（1）母本去雄。当母本雄穗抽出而未散粉前，及时拔除雄穗，做到及时彻底、风雨无阻。当全田去雄达95%以上时，可以一次带顶叶把全田母本雄穗拔完。拔下的雄穗要拿到田外沤肥或做饲料，以免串粉混杂。

（2）人工辅助授粉。8:00—10:00时，玉米盛花期进行授粉。授粉前事先用采粉器收集父本的花粉，除去花药，把花粉装入一头用纱布封口的竹筒，然后将装有花粉的竹筒对着雌穗花丝，用手轻拍竹筒，花粉就落在雌穗花丝上，如此连续进行3～4次，可以大大提高结实率。

5. 收获

先收获杂株，然后再收父本和母本。注意收获、运输、晒干、脱粒和储藏时严防混杂。

（二）自交系繁殖

在制种的同时，必须进行自交系繁殖。繁殖自交系要求做好下面几项工作。

1. 选地隔离

繁殖自交系的隔离区要求比制种田隔离区更严格，采用空间隔离一般要求周围400～500 m以内不种其他玉米，以保证隔离安全。

2. 提高播种质量

玉米自交系生活力比较弱，要求精细整地，施足基肥，采用双行单株种植规格。

3. 严格去杂去劣

自交系去杂去劣工作特别重要，必须做好，去杂去劣次数和方法与制种相同。

4. 人工辅助授粉

由于补苗、管理等原因或气候影响，致使开花散粉不一致。因此，必须加强人工辅助授粉。

5. 收获

先收杂株以免混杂，袋内、袋外写好标签，注明自交系名称、收获日期等，单打、单晒、单藏。

四、 实训步骤方法

（1）安全分析。给出当地某一酿酒玉米杂交种双亲特征特性资料，要具体到能在各期去杂、去劣中作为鉴别标准，能为确定播期和花期预测提供双亲的叶片数及生育期等具体数字。

（2）制定操作技术。学生根据掌握的资料，每人制定出一份该组合在当地的杂交制种操作技术和亲本繁殖技术。

（3）操作技术的讨论与修改。学生分别自由发言，介绍自己制定的操作技术，其他学生提出修改意见。指导教师总结，提出共性问题，然后学生再次分别修改自己制定的操作技术。

五、 考核标准及配分

本技能满分 100 分，合格标准要求达到 80 分。

（1）技术操作规范，生产的种子质量高，60 分。

（2）制定的操作技术内容全面，符合实际，操作性强，语言流畅，用词准确，40 分。

六、 作业

学生参与酿酒玉米制种田和自交系繁殖田的播种、去杂去劣、去雄、授粉和收获等全部过程。收获后进行全面总结，在酿酒玉米杂交制种和自交系繁殖过程中，哪个环节做好了，哪个环节没有做好，有什么经验和教训。

综合实训七　酿酒玉米试验田间调查

一、 实训目的

了解酿酒玉米育种试验中田间调查的意义，酿酒玉米田间调查的项目、标准及方法，为全面评价试验材料提供第一手资料。

二、 实训场所、 用具及材料

（1）训练场所：试验农场。

（2）用具及材料：卷尺、放大镜、记录本、标牌、铅笔、计算器等。

三、 实训内容

（一）调查方法及项目

1. 调查方法

田间调查是获取试验数据的基本手段。调查方法的不同直接影响数据的准确程度。由于试验内容不同、调查项目不同，其调查方法也不一样，有全面调查法和抽样调查法。多数情况下采用抽样调查法。抽样调查法又有典型取样法和机械取样法两种，其中常用的是机械取样法。机械取样法又分为对角线取样法、棋盘式取样法、“S”形取样法、平行法等。因为机械取样法能避免人为主观影响，减少人为误差，方法简单，试验结果更加可靠，因此常被采用。取样点的设定有临时和固定两种。

2. 调查项目

一般试验田间调查项目可分为三类。

（1）气象条件的调查记载。正确记载气象条件，注意玉米生长动态，研究两者之间的关系。气象观察可在试验所在地进行，也可引用附近气象台（站）的资料，有关试验地的小气候，则必须由试验人员观察记载。对于特殊气象条件，如冷、热、风、雨、霜、雪、雹等灾害性天气以及由此而引起的作物生长发育的变化，应及时观察并记录下来，为试验结果分析提供参考。

（2）田间农事操作的记载。任何田间管理和其他农事操作都在不同程度上改变着玉米生长发育的外界条件，因而会引起玉米的相应变化。因此，详细记载整个试验过程中的农事操作，如整地、施肥、播种、中耕除草、防治病虫害等，将每一项操作的日期、数量、方法等记录下来，有助于正确地分析试验结果。

（3）玉米生育动态的调查记载。这是田间调查记载的主要内容。在整个试验过程中，要调查玉米的各个物候期（或称生育时期）、形态特征、特性、生长动态、抗逆性、经济性状等。

（二）调查项目标准

（1）播种期。播种当天的日期，以月/日表示。

（2）出苗期。全区 50%的幼苗第一片叶出土 2 cm 的日期。

(3) 苗期长势。分好、中、差3级。

(4) 拔节期。全区50%的植株开始拔节的日期。

(5) 抽雄期。全区50%的植株雄穗顶端露出叶鞘的日期。

(6) 吐丝期。全区50%的植株雌穗吐出花丝的日期。

(7) 开花期。全区50%的植株雄穗开花时为开花期。10%的植株雄穗开花时为始花期；80%以上的植株雄穗开花完毕时为终花期。

(8) 植株高度。乳熟期在全区内选择有代表性植株10株，量地面至雄穗顶端的高度，用cm表示，求其平均值。

(9) 穗位高度。乳熟期测量植株高度的同时，测定其地面至最上部果穗着生节的高度，用cm表示，求其平均值。

(10) 茎粗。在测量植株高度的同时，测定其地上第三节中部的横位直径，用cm表示，求其平均值。

(11) 植株总数。收获前记载全区总株数。

(12) 倒伏程度。抽雄后因各种自然灾害使植株倾斜度大于45°为倒伏。倒伏程度分3级：倒伏1/3以上为轻度，倒伏(1/3)～(2/3)为中度，倒伏2/3以上为重度。

(13) 倒折率。抽穗后果穗以下部位折断的植株所占的百分比。

(14) 空秆率。成熟时无穗（包括有穗无粒和少于20粒）植株所占的百分比。

(15) 双穗率。成熟时双穗及多穗植株占全部结实植株的百分比。

(16) 大斑病。在玉米进入乳熟后期进行调查。调查时目测每份鉴定材料群体的发病状况。调查重点部位为玉米果穗的上方叶片和下方3叶，根据病害症状描述，逐份材料进行调查并记载病情级别。

表1-5 玉米抗大斑病鉴定病情级别划分

病情级别	症状描述
1	叶片上无病斑或仅在穗位下部叶片上有零星病斑，病斑占叶面积少于或等于5%
3	穗位下部叶片上有少量病斑，占叶面积6%～10%，穗位上部叶片有零星病斑
5	穗位下部叶片上病斑较多，占叶面积11%～30%，穗位上部叶片有少量病斑
7	穗位下部叶片或穗位上部叶片有大量病斑，病斑相连，占叶面积31%～70%
9	全株叶片基本为病斑覆盖，叶片枯死

(17) 小斑病。调查重点部位为玉米果穗的上方叶片和下方3叶，根据病害症状描述，逐份材料调查并记载病情级别。

表 1-6 玉米抗小斑病鉴定病情级别划分

病情级别	症状描述
1	叶片上无病斑或仅在穗位下部叶片上有零星病斑，病斑占叶面积少于或等于 5%
3	穗位下部叶片上有少量病斑，占叶面积 6%～10%，穗位上部叶片有零星病斑
5	穗位下部叶片上病斑较多，占叶面积 11%～30%，穗位上部叶片有少量病斑
7	穗位下部叶片或穗位上部叶片有大量病斑，病斑相连，占叶面积 31%～70%
9	全株叶片基本为病斑覆盖，叶片枯死

（18）丝黑穗病。在玉米进入乳熟后期进行调查。逐株调查，分别记载调查总株数、发病株数，计算发病株率。田间病情分级、相对应的描述见表 1-7。

$$发病株率（\%）=\frac{发病株数}{调查总株数}\times 100$$

表 1-7 玉米抗丝黑穗病鉴定病情级别划分

病情级别	症状描述
1	发病株率 0%～1.0%
3	发病株率 1.1%～5.0%
5	发病株率 5.1%～10.0%
7	发病株率 10.1%～40.0%
9	发病株率 40.1%～100%

（19）灰斑病。在玉米进入乳熟后期进行调查，生育进程相近的材料在同一天完成调查。目测每个鉴定材料群体的发病状况，重点部位为玉米穗位上方 3 个叶片，根据病情级别划分标准，对每个材料进行记载。

表 1-8 玉米灰斑病病情分级

病情级别	症状描述
1	穗位上部叶片无病斑或有零星病斑，占叶面积 0%～5%
3	穗位上部叶片有少量病斑，占叶面积 6%～10%
5	穗位上部叶片病斑较多，占叶面积 11%～30%
7	穗位上部叶片有大量病斑，病斑相连，占叶面积 31%～70%
9	穗位上部叶片基本为病斑覆盖，叶片枯死

（20）纹枯病。在玉米进入乳熟后期进行调查。逐株调查记载发病症状，调查部位为果穗以下茎节，记载病情级别。

表 1-9　玉米抗纹枯病鉴定个体植株病情级别划分

病情级别	症状描述
0	全株无症状
1	最下方的果穗下第 4 叶鞘及以下叶鞘发病
3	最下方的果穗下第 3 叶鞘及以下叶鞘发病
5	最下方的果穗下第 2 叶鞘及以下叶鞘发病
7	最下方的果穗下第 1 叶鞘及以下叶鞘发病
9	最下方的果穗及其以上叶鞘发病

（21）茎腐病。在玉米进入乳熟后期进行调查。按行以手指按捏地表上方第二茎节，茎秆发生空、软者即为发病株，茎节明显变褐也为发病株；计数每份鉴定材料的总株数和发病株数。病情分级及相对应的植株发病率描述见表 1-10。计算各鉴定材料的病株率：

$$发病株率（\%）=\frac{发病株数}{调查总株数}\times 100$$

表 1-10　玉米抗茎腐病鉴定病情级别划分

病情级别	症状描述
1	发病株率 0%～5.0%
3	发病株率 5.1%～10.0%
5	发病株率 10.1%～30.0%
7	发病株率 30.1%～40.0%
9	发病株率 40.1%～100%

（22）穗腐病。在玉米生理成熟后进行调查。去除苞叶后逐穗调查记载果穗发病级别，计算平均发病级别。

表 1-11　玉米抗穗腐病鉴定病情级别划分

病情分级	症状描述
1	发病面积占雌穗总面积 0%～1%
3	发病面积占雌穗总面积 2%～10%
5	发病面积占雌穗总面积 11%～25%
7	发病面积占雌穗总面积 26%～50%
9	发病面积占雌穗总面积 51%～100%

（23）其他病害。根据发生程度，分 1、3、5、7、9 级。

(24) 成熟期。全区 90%的植株籽粒硬化，苞叶呈现成熟时固有颜色的日期。

(25) 收获期。收获时当天的日期，以月/日表示。

(26) 生育期。出苗到成熟时的天数，用 d 表示。

(27) 穗重。10 个果穗去苞叶和叶柄晒干后的重量，用 g 表示，求其平均值。

(28) 穗长。全区内测代表性 10 个果穗的长度，用 cm 表示，求其平均值。

(29) 穗粗。全区内测代表性 10 个果穗中段直径，用 cm 表示，求其平均值。

(30) 穗行数。全区内测代表性 10 个果穗的中部，计数籽粒行数，求其平均值。

(31) 行粒数。全区内测代表性 10 个果穗的每个果穗的一行籽粒数，求其平均值。

(32) 秃尖长。全区内测代表性 10 个果穗未结实的长度，用 cm 表示，求其平均值。

(33) 穗型。分锥型、筒型两种。

(34) 粒型。分马齿型、硬粒型、半马齿型、半硬粒型 4 种。

(35) 轴色。分白色、红色、紫色等。

(36) 粒色。分白色、黄色、红色、紫色、黑色等。

(37) 百粒重。全区脱粒后，随机选择 100 粒完整籽粒称重，用 g 表示，重复 3 次，取最接近两次的平均值。

(38) 含水量。全区脱粒后，用水分含量仪测籽粒含水量，重复三次，取最接近两次的平均值。

(39) 籽粒产量。小区内全部果穗风干至恒重时，称其籽粒重量，折算成玉米标准含水量（14%）时的重量，再折算成亩产（kg/666.7 m^2）。如果小区内缺株超过 10%，本区即作废。

四、 实训步骤方法

(1) 识别酿酒玉米试验调查项目的标推。由指导老师放映玉米调查标准的实物幻灯片，让同学识别。

(2) 选择调查点和确定调查时间。在选定的酿酒玉米试验田中，采用对角线五点法取样，每个样点 1～2 m，按田间调查项目要求定点调查。在播种后，每 3～4 d 调查测量一次，认真记载各调查项目，直至收获。

五、 考核标准及配分

本技能满分 100 分，合格标准要求达到 80 分。

(1) 各项目标准掌握准确，25 分。

(2) 调查时间适宜，25 分。

(3) 调查项目齐全，25 分。

(4) 调查方法正确，结果准确，25 分。

六、作业

做酿酒玉米试验田间调查实训报告。

综合实训八　酿酒玉米自交系的识别及提纯

一、实训目的

使学生掌握识别玉米自交系的方法，并初步了解酿酒玉米自交系的特征和提纯技术。

二、实训场所、用具及材料

(1) 训练场所：实训室及实训农场。

(2) 用具及材料：酿酒玉米主要自交系，米尺、天平、羊皮纸袋、牛皮纸袋、曲别针、纸牌、铅笔等。

三、实训内容

(一) 酿酒玉米自交系的识别

在酿酒玉米自交系的不同生育期，用目测和称量的方法，识别玉米自交系各种特征。

1. 幼苗期（在出现 3～4 片真叶时观察）

(1) 叶梢色。分绿色、红色、紫色。

(2) 叶色。分浅绿、深绿以及特殊的条纹。

(3) 叶缘及叶脉色。分绿色、紫色。

2. 抽穗及开花期

(1) 抽雄日期。全田植株雄穗尖端抽出顶叶的日期。达 10%为始期，达 60%为盛期。

(2) 雄穗分枝数。分多、中、少。

(3) 雄穗颖壳颜色。分绿色、褐色、紫色。

(4) 吐丝期。植株已抽出花丝达 10%为始期，达 60%为盛期。

(5) 花丝颜色。分绿色、紫色等，在吐丝后 3～4 d 观察。

(6) 果穗发育类型。①长苞叶短果穗型，苞叶比果穗长；②短苞叶长果穗型，苞叶略短于果穗，或与果穗等长；③普通型，介于上述两者之间。

3. 成熟期

（1）在乳熟期调查 10 株，从地面量到雄穗顶端，以 cm 表示。

（2）穗长。取 10 株的第一个果穗，测定求其平均值，以 cm 表示。

（3）穗粗。取 10 株的第一个果穗，测定果穗中部直径长，以 cm 表示。

（4）穗型。分锥型、筒型。

（5）穗行数。取 10 个果穗，计算籽粒的平均行数。

（6）穗轴色。分白色、红色、紫色。

（7）籽粒类型。分马齿型、硬粒型、半马齿型、半硬粒型四种。

（8）籽粒颜色。分白色、黄色、红色、紫色、黑色等。

（9）百粒重。测量 3 次，取最接近两次平均值，以 g 表示。

4. 酿酒玉米自交系性状特征记载表

表 1-12 自交系性状特征记载表

自交系名称	幼苗期			抽雄开花期						成熟期								
	叶鞘色	叶色	叶缘叶脉色	抽雄期	雄穗分枝数	雄穗颖壳色	吐丝期	花丝颜色	果穗发育类型	株高 cm	果穗长 cm	穗粗 cm	穗型	籽粒行数	穗轴色	籽粒类型	籽粒颜色	百粒重

（二）酿酒玉米自交系的提纯

本实训采用穗行筛选法。

（1）第一年，在自交系繁殖田内选择具有本自交系典型性状、生长良好的植株 200 株左右，并挂牌作出标记。等到雌、雄穗开始抽穗时，在当选的植株的雌、雄穗上分别套上纸袋，并进行人工自交。收获后严格选穗，当选果穗分别脱放保存。

（2）第二年，将上年入选的果穗编号，在同一隔离区内分别种成穗行区。每个果穗种两行。每行种 20～30 株。在生育期详细观察，按穗行鉴，凡是发生分离的穗行，全部淘汰（抽去雄穗），留下典型穗行（严格抽去杂株的雄穗），任其自由授粉。收获时先收淘汰果穗，作粮食处理，后收入选穗行的呆穗，经过严格穗选，混合脱粒，即为提纯的原种。

（3）第三年，为了使原种保持更高的纯度和质量，这一年可在当选穗行中选择优良穗行，再从优良穗行中选择 20～30 株更典型的植株，套袋进行姐妹交，收获时经穗选，混合脱粒作为高级原种进行繁殖。

四、 实训步骤方法

（1）在室内按酿酒玉米自交系调查表所列项目，鉴定各自交系的特征，把鉴定结果记载在表内，并用标本测验学生识别自交系特征的能力。

（2）在实训农场，学生参加套授、自交、去杂等环节，每人完成 20 个果穗。

五、 考核标准及配分

本技能满分 100 分，合格标准要求达到 80 分。

（1）各项性状记载规范准确，30 分。

（2）提纯技术操作规范，生产的原种质量高，30 分。

（3）生产的原种质量高，40 分。

六、 作业

完成酿酒玉米自交系特征识别及提纯实训报告。

第二章　酿酒玉米栽培技术实训

综合实训一　酿酒玉米播种

一、 实训目的

了解酿酒玉米播种前种子准备、肥料准备内容，能够根据本地实际情况确定适宜的播种期、正确的播种量、播种方式、种肥种类及用量。

二、 训练场所、 用具及材料

（1）训练场所：实验室、实训基地。

（2）用具及材料：酿酒玉米种子、肥料、播种机、种子包衣剂、辛硫磷、皮尺、插地牌，水桶、麻绳、锄头、铁锹等。

三、 实训内容

（一）种子准备

1. 品种选择

选用已通过审定或引种备案，抗逆性强，符合酿酒质量标准的玉米品种。春玉米以生育期大于 110 d 的中偏晚熟品种为主，夏玉米以生育期小于 110 d 的中偏早熟品种为主。

2. 种子处理

（1）精选种子。为了提高种子质量，在播种前要对籽粒进行粒选，选择籽粒饱满、大小均匀、颜色鲜亮、发芽率高的种子，去除烂、霉、小的籽粒。

（2）种子处理。播种前通过晒种、浸种和药剂拌种等方法，增强种子发芽势，提高发芽率，减轻病虫害，达到苗早、苗齐、苗壮的目的。晒种：将选出的种子在晴天中午摊在干燥向阳的地上或席上，翻晒 2～3 d；拌种：可以用农药拌种如 50%辛硫磷乳油，每公斤种子 2.5 mL 辛硫磷乳油，包衣种子无须拌种。

（二）播种

1. 整地

播前适用“翻耕＋旋耕（或耙平）”方式整地，耕深达到 20 cm 以上。

2. 育种移栽

（1）育苗时间。春播时间为 2 月 20 日—4 月 10 日，夏播时间为 4 月 20 日—5 月 10 日。根据所在区域的自然灾害特点和耕作制度可适当提早或推迟。

（2）备种量。以本田用种量计，根据百粒重大小，每 667 m^2 备种 1.5～2.0 kg。

（3）育苗方式。可采用营养球、营养块、营养钵和秸秆营养基等方式育苗，具体育苗操作按照 DB51/T 1188 技术规程进行。

（4）移栽时间。苗龄 15～20 d 或叶龄 2 叶 1 心至 3 叶 1 心期移栽。

3. 直播

（1）播期。春玉米 3 月 10 日—4 月 20 日播种，夏玉米 5 月 1—30 日播种。

（2）播种量。根据百粒重大小，每 667 m^2 播种 2.0～2.5 kg。

（3）人工播种。穴深 7～13 cm，每穴播 3～5 粒，播后覆土 3～4 cm，覆土要均匀细碎。

（4）机械播种。选择适宜的播种机，土壤湿度、播种量、播种深度、播种质量应符合 DB51/T 24748 和 GB/T 34379 的规定。

4. 种植规格

（1）播栽密度。每 667 m^2 种植 3 200～3 600 株。

（2）种植方式。①平作，宽窄行种植：宽行 90～110 cm，窄行 35～45 cm；等距行种植：行距 75～85 cm。②垄作，垄厢宽 60～70 cm，垄沟宽 90～100 cm，垄高15～20 cm。垄面呈瓦背形，中间种两行玉米，行距 35～45 cm。③集雨节水膜侧栽培，在移栽前进行开沟、施肥、灌水、整地、覆膜作业，移栽规格按照垄作方式进行。

5. 施肥

（1）施肥原则。提倡测土配方精准施肥。按照有机肥、无机肥结合施用原则，氮、磷、钾搭配比例为 1∶0.5∶0.6，以一底一追或底施一道清施肥方式为主。

（2）施肥方式。①底肥一道清：选用缓释性复合肥。每 667 m^2 施农家肥 1 500～2 000 kg，纯氮（N）16.0～20.0 kg、磷（P_2O_5）7.5～9.0 kg、钾（K_2O）6.0～9.0 kg。②底肥＋追肥：底肥在播前整地时施用，每 667 m^2 施农家肥 1 000～1 500 kg，纯氮（N）8.0～10.0 kg、磷（P_2O_5）7.5～9.0 kg、钾（K_2O）6.0～9.0 kg，有机无机结合；追肥在拔节至大喇叭口期施用，以 N 肥为主。每 667 m^2 施清粪水 1 000 kg～1 500 kg，纯氮（N）8.0～10.0 kg。

6. 浇水

土壤田间相对持水量保持在70%～80%，注意抗旱防涝。

四、 实训步骤方法

(1) 播前准备。对给定面积的地块种植酿酒玉米，确定播种品种和播种方式，计算所需播种量。

(2) 播种。确定适宜播种期后，在教师的指导下进行播种操作。

(3) 播种质量检查。播种后及时检查播种质量并进行评价。

五、 考核标准及配分

本技能满分100分，要求达到80分以上。

(1) 播前准备全面，计算用量合理，操作正确，40分。

(2) 播种期确定适宜，播种技术熟练，30分。

(3) 能够正确进行播种质量检查，30分。

六、 作业

写一份酿酒玉米播种实训报告。

综合实训二　酿酒玉米生产的苗期管理

一、 实训目的

了解酿酒玉米苗期生育特点，掌握苗期管理的主要项目，能够根据苗期管理目标进行正确管理。

二、 训练场所、 用具及材料

(1) 训练场所：作物生产实训基地。

(2) 用具及材料：肥料、直尺、锄头、铁锹等。

三、 实训内容

玉米苗期是指从出苗到拔节这段时期，是以营养体生长为主，从栽培角度讲是促使苗情转化，为获取较高产品打基础的时期。苗期是长根、长叶、茎节分化的营养生长时期，地下部根系生长快，地上部生长较慢，以根系建成为中心。

（一）生育特点

（1）从器官建成角度讲，主要生长的是营养体，即处于营养生长时期，主要生长发育的器官有根、叶、茎。

（2）从生长角度讲，其生长速度较慢，生长量较小，这一时期地面覆盖度较低，地面蒸发量较大，光合作用形成的产物也少，但这一时期根系生长较快，应创造良好的土壤通透条件，促进根系发育，形成庞大的根系。

（3）从新陈代谢角度讲，以代谢为主，其光合产物主要用于器官建成，这一时期应保证氮的充足供给。

（二）主攻方向

苗期田间管理是酿酒玉米生产的重要一环，其主攻方向：在精细播种的基础上，保证苗全、苗齐、苗匀、苗壮，促进根系发育，控制地上部生长，达到根多、苗壮、茎扁、叶片宽厚的壮苗要求。

对于酿酒玉米来说，苗全是穗数的基础，苗齐是穗齐的基础，苗匀是创造合理群体结构的基础，苗壮是核心，只有苗壮才能争取足够的穗数。壮苗应具备的标准为：①有较大的接受光能的叶片和有较强吸收能力的根系。②应具有稳定增长干物质的能力和生长量稳定增长的能力。③有较为合理的物质的分配。④有较强的适应能力和抗逆能力。⑤便于田间管理。只有壮苗才能稳健生长，高产而且不倒伏，同时为粒数和粒重的增加创造协调发展的条件。

（三）农艺措施

苗期管理的核心是培育壮苗。壮苗的培育是在种好的基础上，抓准、抓好农艺措施来实现，主要农艺措施如下：

（1）查苗补苗。田间出苗后应及时检查，对漏播、地头、田间障碍物附近播种不方便的独苗断垄处，及时补苗，以达到全苗。

（2）勤松土。勤松土能提高地温促进幼苗的生长，早春或春季播种的玉米，出苗以后地温较低，勤松土可提高地温，又能保墒，有利于幼苗的生长。

（3）根据苗情采取促控措施。春玉米苗期通常采取蹲苗措施控制其生长，主要作用包括促进根系生长、控制地上部生长、平衡养分输送、提高抗逆性和增产效率。

（4）除草。人工锄草本着除早、除小、除了的原则，适时采取锄草措施。锄草的作用是疏松土壤，调节土壤温度和水分，起到增温、保墒作用，释放土壤养分，有利于土壤微生物活动，并达到灭草的目的。中耕方法是苗期一般进行2～3次，要掌握第一次浅（3～

5 cm)，第二次深，第三次浅，苗旁浅，行间深。具体中耕时间视土壤、天气情况，一般三叶期一次，定苗期一次，拔节前一次。

(5) 间苗、定苗。间苗时间宜早，在胚乳已耗尽的三叶期进行，这时作物开始自养，根系开始增多，对营养非常敏感，间苗过晚，形成“高脚苗”。定苗时间要适时，主要以当地的地下害虫危害程度而定，春玉米地下害虫多，幼苗生长慢，可稍晚；夏秋玉米地下害虫危害轻，应早定苗，一般5～6叶进行，过早、过晚均不利于生长。定苗时留叶数相当、高矮一致的壮苗。

(6) 防治虫害。酿酒玉米苗期虫害主要有地老虎、黏虫、蚜虫、蛴螬等，要根据不同害虫采取不同方法进行防治。

四、 实训步骤方法

(1) 熟悉酿酒玉米苗期管理项目及标准。老师确定苗期管理的项目，明确标准，结合过去的生产案例，放映幻灯片，让学生熟悉。

(2) 田间调查。将学生分成若干小组负责一定田块，进行苗期调查。苗期调查最好定点定期，以便于保持连续性。

(3) 田间管理。任务分配后，由学生根据自己负责的田块逐项自行进行田间管理，尤其是除草、间苗和定苗。

五、 考核标准及配分

本技能满分100分，要求达到80分以上。

(1) 完全明确酿酒玉米苗期管理项目及标准，20分。

(2) 田间调查及时、全面、正确，40分。

(3) 田间管理及时正确，方法得当，40分。

六、 作业

记录酿酒玉米苗期调查及管理内容。

综合实训三 酿酒玉米科学灌溉技术

一、 实训目的

掌握酿酒玉米各生育时期需水规律，根据需水规律，推行科学灌溉技术，实施节水灌溉措施，保证酿酒玉米高产、稳产、优质。

二、 训练场所、 用具及材料

（1）训练场所：作物生产实训基地。

（2）用具及材料：锄头、铁锹、灌溉设施等。

三、 实训内容

（一）酿酒玉米对水分的要求

1. 播种出苗期

酿酒玉米从播种发芽到出苗，需水量少，占总需水量的3.1%～6.1%。

2. 幼苗期

酿酒玉米在出苗到拔节的幼苗期间，植株矮小，生长缓慢，叶面蒸腾量较少，所以耗水量也不大，占总需水量的17.8%～15.6%。这时的生长中心是根系，为了使根系发育良好，并向纵深伸展，必须保持表土层疏松干燥和下层比较湿润的状态。

3. 拔节孕穗期

酿酒玉米植株开始拔节以后，生长进入旺盛阶段。这个时期茎和叶的增长量很大，雌雄穗不断分化和形成，干物质积累增加。这一阶段是玉米由营养生长进入营养生长与生殖生长并进时期，植株各方面的生理活动机能逐渐加强；同时，这一时期气温还不断升高，叶面蒸腾强烈。因此，对水分的要求比较高，占总需水量的29.6%～23.4%。这时如果水分供应不足，就会引起小穗、小花数目减少，因而也就减少了果穗上籽粒的数量。同时还会造成“卡脖旱”，延迟抽雄和授粉，降低结实率而影响产量。

4. 抽穗开花期

酿酒玉米抽穗开花期，对土壤水分十分敏感，如水分不足、气温升高、空气干燥，抽出的雄穗在3～4 d内就会“晒花”，甚至有的雄穗不能抽出，或抽出的时间延长，造成严重的减产，甚至颗粒无收。这一时期，玉米植株的新陈代谢最为旺盛，对水分的要求达到它一生的最高峰，称为玉米需水的“临界期”。因此，这一阶段土壤水分以保持田间持水量的80%左右为好。

5. 灌浆成熟期

玉米进入灌浆和蜡熟的生育后期时，仍然需要相当多的水分，才能满足生长发育的需要，这时需水量占总需水量的31.5%～19.2%，这期间是产量形成的主要阶段，需要有充足的水分作为溶媒，才能保证把茎、叶中所积累的营养物质顺利地运转到籽粒中去。所以，这时土壤水分状况比起生育前期更具有重要的生理意义。灌浆以后，即进入成熟阶段，籽粒基本定型，植株细胞分裂和生理活动逐渐减弱，这时主要是进入干燥脱水过程，但仍需要一定的水分，占总需水量的4%～10%来维持植株的生命活动，保证籽粒的最终成熟。

（二）酿酒玉米合理灌溉

（1）播种期灌水。适期早播，达到苗早、苗全、苗壮，是实现高产稳产的第一关。

（2）苗期灌水。幼苗期的需水特点是：植株矮小，生长缓慢、叶面积小，蒸腾量不大，耗水量较少。

（3）拔节孕穗期灌水。拔节以后，雌穗开始分化，茎叶生长迅速，开始积累大量干物质，叶面蒸腾也在逐渐增大，要求有充足的水分和养分。拔节孕穗期间加强灌溉和保墒工作，是争取玉米穗多、粒多提高产量的关键环节。

（4）抽穗开花期灌水。雄穗抽出后，茎叶增长即渐趋停止，进入开花、授粉、结实阶段。抽穗开花期植株体内新陈代谢过程旺盛，对水分的反应极为敏感，加上气温高，空气干燥，使叶面积蒸腾和地面蒸发加大，需水达到最高峰。

（5）成熟期灌水。受精后，经过灌浆、乳熟、蜡熟达到完熟。从灌浆到乳熟末期仍是酿酒玉米需水的重要时期。这个时期干旱对产量的影响仅次于抽雄期。从灌浆起，茎叶积累的营养物质主要通过水分做媒介向籽粒输送，需要大量水分，才能保证营养运转的顺利进行。

（三）田间排水

大部分酿酒玉米主产区雨量多集中在7—8月，是酿酒玉米生育期间的雨季，如无排水准备，低洼地区很容易遭受涝害，因此采取有效措施做好排水防涝工作很重要。

四、实训步骤方法

（1）在老师带领下，熟悉酿酒玉米各生育时期需水规律。

（2）以小组为单位，在酿酒玉米需水临界期，选择不同灌溉方法和灌水量进行试验，然后比较酿酒玉米产量和品质。

五、考核标准及配分

本技能满分100分，要求达到80分以上。

（1）完全明确酿酒玉米各生育时期需水规律，30分。

（2）掌握酿酒玉米各生育时期灌溉方法和灌水量，30分。

(3) 田间水分管理及时正确，方法得当，40分。

六、 作业

通过各小组灌溉试验，撰写比较分析报告。

综合实训四　酿酒玉米科学施肥

一、 实训目的

掌握酿酒玉米各生育时期需肥规律，根据需肥规律，推行科学施肥技术，保证酿酒玉米高产、稳产、优质。

二、 训练场所、 用具及材料

(1) 训练场所：实训室、作物生产实训基地。

(2) 用具及材料：肥料、电子秤等。

三、 实训内容

(一) 酿酒玉米合理施肥的生理基础

玉米在生长发育过程中需要的营养元素很多。如氮、硫、磷、钾、钙、镁、铁、锰、铜、锌、硼、钼等矿质元素和碳、氢、氧三种非矿质元素等。其中，氮、磷、钾、硫、钙、镁六种元素，玉米需要量最多，称为大量元素；铁、锰、铜、锌、硼、钼等元素，需要量很少，称为微量元素。

1. 氮的生理作用

酿酒玉米对氮的需要量比其他任何元素都要多。氮是组成蛋白质、酶和叶绿素的重要成分，对酿酒玉米植株的生长发育起到重要作用。植株缺氮的特征是株型细瘦，叶色黄绿，缺氮还会引起雌穗形成延迟，或雌穗不能发育，或穗小粒少产量降低。

2. 磷的生理作用

酿酒玉米需要的磷比氮少得多，但对植株发育却很重要。磷可使玉米植株体内氮素和糖分的转化良好；加强根系发育；还可使玉米雌穗受精良好，结实饱满。酿酒玉米缺磷，会导致幼苗根系减弱，生长缓慢，叶色紫红；开花期缺磷，会导致花丝抽出延迟，雌穗受精不完全，形成发育不良、粒行不整齐的果穗；后期缺磷，会导致果穗成熟期延迟。

3. 钾的生理作用

钾对酿酒玉米正常的生长发育起重要作用。钾可促进碳水化合物的合成和运转，使机械组织发育良好，厚角组织发达，提高抗倒伏的能力。而且钾对玉米雌穗的发育有促进作用，可增加单株果穗数，尤其对多果穗品种效果更显著。玉米缺钾，生长缓慢，叶片黄绿或黄色，叶边缘及叶尖干枯呈灼烧状是其突出的标志。严重缺钾时，生长停滞，节间缩短，植株矮小，果穗发育不良或出现秃顶，籽粒淀粉含量低，千粒重减轻，容易倒伏。

（二）酿酒玉米施肥技术

1. 施肥的一般原则

提倡测土配方精准施肥。按照有机肥、无机肥结合施用原则，氮磷钾搭配比例为1∶0.5∶0.6,以一底一追或底施一道清施肥方式为主。

2. 施肥方式

（1）底肥一道清。选用缓释性复合肥，每667 m^2 施农家肥1 500～2 000 kg，纯氮（N）16.0～20.0 kg、磷（P_2O_5）7.5～9.0 kg、钾（K_2O）6.0～9.0 kg。

（2）底肥＋追肥。①底肥在播前整地时施用，每667 m^2 施农家肥1 000～1 500 kg，纯氮（N）8.0～10.0 kg、磷（P_2O_5）7.5～9.0 kg、钾（K_2O）6.0～9.0 kg，有机无机结合。②追肥在拔节至大喇叭口期施用，以N肥为主，每667 m^2 施清粪水1 000～1 500 kg，纯氮（N）8.0～10.0 kg，主要分拔节肥和穗肥。

拔节肥能促进中上部叶片增大，增加光合面积，延长下部叶片的光合作用时期，为促根、壮秆、增穗打好基础，拔节肥的施用量，要根据土壤、底肥和苗情等情况来决定。在地力肥，底肥足，植株生长健壮的条件下，要适当控制追肥数量，追肥的时间也应晚些；在土地瘠薄，底肥少，植株生长瘦弱的情况下，应适当多施或早施。拔节肥应以施速效氮肥为主，但在磷肥和钾肥施用有效的土壤上，可酌量追施一部分磷、钾肥。

穗肥是指在雌穗生长锥伸长期至雄穗抽出前追施的肥料。此时正处于雌穗小穗、小花分化期，营养体生长速度最快，雌雄穗分化形成处于盛期，需水需肥最多，是决定果穗大小、籽粒多少的关键时期。这时重施穗肥，肥水齐攻，既能满足果穗分化的肥水需要，又能提高中上部叶片的光合生产率，使运入果穗的养分多，粒多而饱满，产量提高。

酿酒玉米优质丰产经验和试验证明，只要在苗期生长正常的情况下，重施穗肥，都能获得显著的增产效果。特别是在化肥不足的情况下，一次集中追施穗肥，增产效果显著。

四、实训步骤方法

（1）在老师带领下，熟悉酿酒玉米各生育时期需肥规律。

（2）以小组为单位，选择不同时期施肥进行试验，观察酿酒玉米产量和品质比较效果。

五、考核标准及配分

本技能满分100分，要求达到80分以上。

（1）完全明确酿酒玉米各生育时期需肥规律，30分。

（2）掌握酿酒玉米各生育时期施肥方法和施肥量，30分。

（3）田间肥料管理及时正确，方法得当，40分。

六、作业

比较底肥一道清和“底肥＋追肥”两种施用方法的优缺点，并形成报告。

综合实训五　酿酒玉米田间杂草防除

一、实训目的

了解酿酒玉米田间的主要杂草种类，掌握常用除草剂的种类和特点，能够根据田间杂草选择相应的除草剂并正确使用。

二、训练场所、用具及材料

（1）训练场所：作物生产实训基地。

（2）用具及材料：除草剂、喷雾器、口罩等。

三、实训内容

酿酒玉米农田杂草生长迅速，与玉米争水、争肥、争空间，对玉米苗期生长危害较大，造成苗瘦、苗弱，在杂草严重且防治不力的地块影响产量可达10％以上，因此，必须进行化学除草。田间杂草防除分两个阶段，一是播种后苗前防除，二是苗后防除。前者一般用化学除草剂防除，后者可以用化学除草剂防除，也可用人工防除。这里主要以化学防除为主进行实训。

（一）杂草类型

酿酒玉米农田杂草的种类很多，旱田常见杂草有阔叶杂草，如藜、苋、苍耳、蓼、鸭跖草等，禾本科杂草如稗草、狗尾草、野燕麦、毒麦等。

（二）除草剂类型

化学除草是指用除草剂除草。除草剂是指用于农田灭除杂草和有害植物的化学药剂。化学除草剂一般按药剂的作用方式、在植物体内的移动情况、化学结构和使用方法进行分类。根据在植物体内的移动情况，分为：①触杀型除草剂，如除草醚；②内吸型除草剂，如 2，4-D 丁酯。根据使用方法，分为：①茎叶处理剂，如虎威；②土壤处理剂，如乙草胺。根据化学结构，分为：无机除草剂、有机除草剂，其中有机除草剂包括苯甲酸类、酰胺类、有机杂环类等。根据除草剂对植物作用的性质，可分为：灭生性除草剂和选择性除草剂，施用后能杀伤所有植物的药剂称为灭生性除草剂，如草甘膦等；施用后有选择地毒杀某些种类植物的称为选择性除草剂，而对另一些植物无毒或毒性很小的药剂，如2，4-D 丁酯，可防除阔叶杂草，但对于禾本科杂草无效。

（三）除草剂选择

化学除草要重视除草剂品种和配方的选择及经济效益、生态效益、社会效益，合理安全使用农药。根据除草剂品种的结构进行调整选择，要根据农田中杂草种类选择适宜的除草剂。可选单一的除草剂，也可选用两种或两种以上除草剂混合的复配剂。坚持标准作业，防止药害，认真执行喷雾机械的调整和田间作业操作规程。

酿酒玉米田化学除草应以苗前土壤处理为主，苗后茎叶处理为辅。酿酒玉米田防除一年生禾本科杂草和部分阔叶杂草可选用乙草胺、都尔、普乐宝等除草剂。防除禾本科杂草和阔叶杂草可选用玉农乐，防除阔叶条草可选用宝收。苗前除草剂在施药前要把地整平，无大土块，秋施或春季播前施药，施后用双列圆盘耙交叉耙一遍，耙深 10～15 cm，耙后可起垄。播后苗前施药，施药后可用旋转锄浅混土 2～3 cm；起垄播种的还可在施药后用机械培土 2 cm，并及时镇压保墒。最好播种后随即施药，一般在播后 3 d 内施药，苗前施用的除草剂多数对杂草幼芽有效。施药过晚，杂草已长大，会降低除草效果。如果苗后施用的除草剂对玉米安全，要以杂草幼苗的大小确定施药时期，施药不可过早，过早杂草出苗不齐，晚出苗的杂草还需采取其他灭草措施；施药过晚，杂草产生抗性，特别是在酿酒玉米田防治阔叶杂草，药剂的药效明显降低。施药时气温如果超过 27℃，应停止施药，因温度过高，易引起药害或造成药液飘移、挥发而降低药效。气温过低也易引起药害，气温低于 15℃时应停止施药。

（四）田间施药方法

（1）手动背负式喷雾器。适于小面积喷洒作业，施药前首先观察风向，喷洒方向应与风向一致，走向与风向垂直或不小于 45°。行走速度一般 1.0～1.3 m/s；当压力达到要求时，打开直通开关喷药。

（2）大型喷雾机械。适用于大面积作业，具有喷洒均匀、效率高等特点。作业前要丈量好土地，做好田间设计。喷洒土壤处理剂时，为避免重喷漏喷，拖拉机要带划印器，以便使两个喷壶间衔接准确。喷洒时应先给动力，然后打开送液开关喷洒，停车时应先关闭送液开关，后切断动力。

四、实训步骤方法

（1）调查市场上销售的除草剂种类。

（2）针对酿酒玉米和田块主要杂草类型，选择相应除草剂。

（3）田间施药，根据不同时期选择合适的机械进行田间施药操作。

（4）除草效果调查。

五、考核标准及配分

本技能满分 100 分，要求达到 70 分以上。

（1）针对酿酒玉米和时期，正确选配除草剂，40 分。

（2）正确计算除草剂用量，施药时期及时，20 分。

（3）田间施药方法科学（包括安全问题），20 分。

（4）除草效果好，无药害，20 分。

六、作业

总结酿酒玉米田间化学除草操作过程中存在的问题和取得的成绩。

综合实训六　酿酒玉米病虫害防治

一、实训目的

了解掌握酿酒玉米主产区玉米主要发生的病虫害种类及其规律，有针对性地采用综合防治方法，最大限度减少病虫的危害。

二、训练场所、用具及材料

（1）训练场所：实训室、作物生产实训基地。

（2）用具及材料：病虫草害挂图、农药、喷雾器、口罩等。

三、 实训内容

酿酒玉米生产面临着多种病虫害的挑战，这些病虫害不仅影响玉米的产量，还对其品质造成损害。因此，了解并掌握酿酒玉米主要病虫害的发生与防治技术，对于提高玉米产量和保障酿酒专用粮安全具有重要意义。

（一）主要病害

1. 大斑病

酿酒玉米大斑病主要危害叶片，严重时也危害叶鞘和苞叶，症状表现为叶片上出现大面积的黄褐色至灰褐色病斑。玉米大斑病初期，叶片上会出现水浸状的斑点，这些斑点多为椭圆形或不规则形，边缘不清晰。随着病情的发展，这些斑点会逐渐扩大，颜色也会加深，最终形成较大的坏死斑。病斑呈长梭形，灰褐色或黄褐色，长 5～10 cm，宽 1 cm 左右，有的病斑更大，或几个病斑连接成大型不规则形枯斑。在潮湿条件下，病斑上可密生灰黑色霉层，这是病原菌的分生孢子梗及分生孢子。当病情严重时，叶片会逐渐枯黄，甚至整株玉米的叶片都会受到影响，导致植株生长受阻，光合作用和养分积累受到严重影响，最终可能导致玉米减产。

2. 小斑病

酿酒玉米小斑病主要危害叶片，严重时也可危害叶鞘、苞叶和果穗，其病症主要表现为叶片上出现形状各异的病斑。具体来说，玉米小斑病的病斑可分为以下三种类型。

（1）病斑为椭圆形或长椭圆形，黄褐色，边缘颜色较深，病斑的扩展受叶脉限制，这种感病病斑较为常见。

（2）病斑为椭圆形或纺锤形，灰色或黄色，无明显边缘，病斑扩展不受叶脉限制，这也是一种感病型病斑。

（3）病斑为坏死小斑点，黄褐色，周围有黄褐色晕圈，病斑一般不扩展，这属于抗病性病斑，在潮湿条件下，病斑上有时可见到黑褐色霉层，但一般不易见到。此外，玉米小斑病从苗期到成株期均可发生，但苗期发病较轻，抽雄、灌浆期发生较多。

3. 纹枯病

酿酒玉米纹枯病主要危害叶鞘，其次是叶片、果穗及其苞叶，其主要病症为叶鞘基部及叶片产生淡褐色水渍状小斑或云纹状大斑，最终导致叶鞘腐败、叶片枯死。玉米纹枯病在发病初期叶鞘上会出现暗绿色水渍状的小斑点，这些斑点会逐渐扩大，形成椭圆形或不规则形的病斑，病斑中部呈灰褐色，边缘为深褐色，并由下向上蔓延扩展。在湿度较大的条件下，病斑会融合成大片，形成不规则的云纹状大病斑，病斑呈水渍状灰绿色，半透明。随着病情的进一步发展，叶鞘会腐败，叶片也会枯死。

4. 茎腐病

酿酒玉米茎腐病病症主要表现为茎基部皮层呈淡褐色或黑褐色，叶片变黄、萎蔫，茎基缢缩，果穗倒挂，整株枯死。玉米茎腐病是由多种病原菌单独或复合侵染造成根系和茎基腐烂的一类病害，在发病初期，玉米茎基部皮层会呈淡褐色或黑褐色，绕茎基部一圈，有的已失水变缩。同时，叶片也会开始变黄、萎蔫。随着病情的加重，茎基部会开始变软、下陷，内部变得空松，节间变淡褐色。果穗苞叶也会变得青干，穗柄柔韧，果穗下垂，不易掰离。穗轴柔软，籽粒干瘪，脱粒困难。在湿度较大的条件下，病斑还会迅速扩展，严重时植株常在发病后 3～4 d 内从病部以上倒折，并溢出黄褐色腐臭菌液。

5. 穗腐病

酿酒玉米穗腐病病症主要表现为被害果穗顶部或中部变色，并出现粉红色、蓝绿色、黑灰色、暗褐色或黄褐色霉层，扩展到雌穗的（1/3）～（1/2）处，多雨或湿度大时可扩展到整个雌穗。玉米穗腐病是由禾谷镰刀菌、串珠镰刀菌、青霉菌、曲霉菌、枝孢菌、单瑞孢菌等近 20 多种霉菌侵染所引起的病害。这些病原菌在玉米果穗及籽粒上造成危害，被害果穗的变色部位会出现病原菌的菌体、分生孢子梗和分生孢子。病粒通常无光泽、不饱满、质脆且内部空虚，常被交织的菌丝充塞。在湿度较大的条件下，病原菌会迅速扩展，导致整个果穗腐烂。此外，果穗病部的苞叶也常被密集的菌丝贯穿，黏结在一起并贴于果穗上不易剥离。如果是由串珠镰刀菌侵染所引起，病粒刚开始是粉红色至红褐色，之后会蔓延到其他籽粒上面，果皮上也会产生粉斑，病粒表面出现棉絮状粉红色菌丝，并且会形成孢子。如果是由禾谷镰刀菌侵染所引起，果穗可能会腐烂，穗轴和籽粒的基部会变为紫红色，严重时籽粒的间隙会出现粉红色或灰白色菌丝体。

6. 灰斑病

酿酒玉米灰斑病病症主要表现为叶片上出现无明显边缘的椭圆形至矩圆形灰色至浅褐色病斑，后期变为褐色，病斑多限于平行叶脉之间，湿度大时病斑背面会生出灰色霉状物。玉米灰斑病主要发生在玉米成株期的叶片上，也可侵染叶鞘和苞叶。发病初期，病斑在透射光下呈针尖状褪绿的黄色小斑点，之后逐渐扩展为长矩形病斑，长 1～6 cm，宽 0.2～0.4 cm，宽度受叶脉限制，多数沿玉米叶脉扩展。病斑交界处清晰，病斑中央灰色，边缘有褐色坏死线。在湿度较大的条件下，病斑背面会生出灰色霉状物，即病菌的分生孢子梗和分生孢子。病斑可连片，导致叶片枯死，严重影响玉米的产量和品质。

7. 白斑病

酿酒玉米白斑病病症主要表现为叶片上出现水渍状褪绿病斑，逐渐呈白色并塌陷变干，形成圆形或水滴形类似除草剂引起的药害斑点。这些病斑会造成穿透性的病斑或破孔，并着生有小黑点。病斑最初较小，淡绿色，散生于叶片表面，随着时间推移，病斑会变白、变干，有或无深褐色边缘。在玉米灌浆期之后，病斑会在玉米叶片和苞叶上开始大规模出现，病情严重时可导致玉米叶片干枯，果穗畸形，出籽粒低，降低玉米产量和品质。此外，玉米白斑病是一种真菌病害，病原菌在田间可多次反复侵染玉米组织，特别是在夜间温度超过 14℃、雨水多、潮湿、结露重的条件下，会进一步加重病情。空气相对湿度超过 70%时，病原菌孢子容易侵入玉米组织。

（二）主要虫害

1. 玉米螟

玉米螟的危害特点主要表现为幼虫钻蛀玉米植株地上各个部位，造成花叶、折雄、折秆、雌穗发育不良、籽粒霉烂等症状，从而导致玉米减产。玉米螟幼虫在玉米心叶期会钻入心叶内取食叶肉，使被害叶呈半透明薄膜状或成排的小圆孔，称为花叶。随着幼虫的成长，它们会继续蛀入茎秆，破坏植株内水分、养分的输送，使茎秆易被大风吹折，造成折雄现象。当雌穗长出后，大量幼虫会到雌穗上为害籽粒或蛀入雌穗及其附近各节，食害髓部破坏组织，影响养分运输，使雌穗发育不良，千粒重降低，形成早枯和瘪粒，甚至导致无籽粒，造成严重减产。此外，玉米螟幼虫还会在虫蛀处造成茎秆倒折率增加，籽粒产量下降，受害植株籽粒不饱满，青枯早衰。在玉米灌浆期之后，被害的幼嫩玉米籽粒会霉烂，进一步影响玉米的产量和品质。

2. 草地贪夜蛾

草地贪夜蛾的危害特点主要包括广泛的寄主范围、强大的远距离迁飞能力、高繁殖倍数以及严重的暴食危害。草地贪夜蛾对玉米的危害尤为严重，其幼虫阶段会蜷缩在玉米植株心叶内为害，导致叶片参差不齐。在玉米抽雄时，幼虫会在未完全抽出的雄穗上聚集为害，咬断雄穗侧枝和主轴，影响玉米的授粉和结实。雌穗吐丝后，幼虫还会为害花丝，咬断花丝并随花丝通道进入穗尖取食籽粒，或直接蛀穿苞叶取食籽粒，导致玉米产量大幅下降，受害的玉米一般减产 20%～30%，严重时可造成绝收。此外，草地贪夜蛾还具有广泛的适生区域和极强的环境适应性，能够在多种气候条件下生存和繁殖。其成虫每晚可飞行上百公里，具备远距离迁飞能力，使得该害虫能够迅速扩散至新的地区，对农业生产构成严重威胁。

3. 黏虫

玉米黏虫的危害特点主要表现为幼虫对玉米叶片的暴食性危害。玉米黏虫以幼虫阶段为主要危害形态，它们会咬食玉米叶片。在 1～2 龄时，幼虫多藏于心叶或叶鞘中，昼夜取食叶肉，造成半透明的小条斑。当幼虫进入 3 龄以上，它们对叶片的危害加剧，取食后叶片会呈现不规则的缺刻。到了 5～6 龄的暴食阶段，幼虫的食量大幅增加，可将玉米叶片几乎吃光，仅剩叶脉，对玉米植株造成严重破坏，进而导致玉米严重减产甚至绝收。玉米黏虫具有迁飞性，能够随大气环流进行季节性的往返迁飞，这使得其危害范围广泛且难以预测，同时黏虫的发生与气候环境密切相关，在雨水较多、土壤及空气湿度大且温度适宜的条件下，黏虫易发生并加重危害程度。

4. 玉米叶螨

玉米叶螨的危害特点主要表现为聚集在玉米叶背刺吸叶片汁液，导致叶片失绿、干枯，严重影响玉米的生长和产量。玉米叶螨，也称为玉米红蜘蛛，它们以刺吸式口器危害玉米，当成螨、若螨聚集在玉米植株叶背处时，会开始吸取叶片汁液。被害处会呈现失绿斑点或条斑，严重时整个叶片会变白干枯。受害叶片的光合作用受到影响，导致玉米植株生长缓慢，结实率降低，籽粒不饱满，甚至可能造成植株大面积枯死，空穗率明显提高，减产幅度可达 30%～50%，发生早的可能绝产。玉米叶螨具有食性杂、体态小、繁殖快的特点，容易形成暴发性危害。在适宜的气候条件下，如高温干燥，玉米叶螨的发生频率和危害程度会显著增加。它们一年可发生多代，且具有较强的迁移和扩散能力，能够在不同作物和杂草之间转移危害，给农业生产带来严重威胁。

5. 小地老虎

小地老虎的危害特点主要表现为以幼虫咬食玉米幼苗，造成缺苗断垄现象，严重时需补种或重播。小地老虎是一种迁飞性害虫，小地老虎的幼虫呈圆筒形状，体表粗糙，具有灰褐色或暗褐色的体色，并分布有颗粒状物。它们通常在夜间活动，白天则躲藏在土壤中或其他隐蔽处。小地老虎主要以幼虫阶段为害玉米，它们会从地表处咬断玉米幼苗，导致玉米田出现缺苗断垄的情况。在危害严重时，甚至需要进行补种或重播，严重影响了玉米的产量和收成。小地老虎对气候和土壤条件有一定的要求，它们喜湿但不耐高温，春季是其主要危害时期，而夏季高温季节则不利于其发育与繁殖。然而，尽管高温高湿不利于小地老虎的生长发育，但老龄幼虫仍会对玉米幼苗构成威胁。

（三）防治方法

1. 防治原则

以农业防治、物理防治、生物防治为主，化学防治为辅。

2. 农业防治

包括选用抗病虫品种，轮作倒茬，精耕细作，培育壮苗，间、混、套种，秸秆粉碎还田，减少虫源基数等措施。

3. 物理防治

利用频振式杀虫灯、高空诱虫灯、性诱捕器以及食物诱杀等诱控措施，诱杀成虫、干扰交配，进行人工捕捉害虫。

4. 生物防治

针对玉米螟，推广使用毒蜂杀虫卡防治技术，也可以用性诱剂诱杀玉米螟越冬代成虫；针对草地贪夜蛾，利用白僵菌、绿僵菌、核型多角体病毒（NPV）、苏云金杆菌（Bt）等生物制剂早期预防幼虫，充分保护利用夜蛾黑小峰、螟黄赤眼蜂、蠋蝽等天敌。

5. 化学防治

对症用药、适时用药、合理轮换用药，运用适当浓度与药量，掌握农药使用的安全间隔期。酿酒玉米病虫害的化学防治见表 2-1。

表 2-1 病虫害化学防治法

病虫害名称	防治适期	推荐使用药剂及使用方法	备注
纹枯病	玉米拔节后发病初期	喷施生物农药井冈霉素 A，或选用菌核净，40%菌核净可湿性粉剂 800～1 000 倍液、12.5%烯唑醇可湿性粉剂 1 000 倍液、80%代森锰锌可湿性粉剂 1 000 倍液等杀菌剂喷施	喷药重点为玉米基部
玉米叶斑类病害	心叶末期	选用 10%苯醚甲环唑水分散粒剂 1 500～2 000 倍液、12.5%烯唑醇可湿性粉剂 1 000 倍液、25%吡唑醚菌酯悬浮剂 1 000～3 000 倍液等杀菌剂喷施，视发病情况隔 7～10 d 再喷一次	与芸苔素内酯等混用可减量增效
青枯病	心叶末期	用 6%春雷霉素可湿性粉剂 1 000 倍液喷雾预防，发现零星病株可用 6%春雷霉素可湿性粉剂 1 000 倍液灌根，每株灌药液 500 mL	
穗粒腐病	播种前；抽穗期	播种前选用包衣剂包衣，或用广谱性杀菌剂拌种；抽穗期用 50%多菌灵可湿性粉剂或 50%甲基硫菌灵可湿性粉剂 1 000倍液喷雾	重点喷果穗及下部茎叶
小地老虎	播种前；苗期	播种前利用含有噻虫嗪、吡虫啉、氯虫苯甲酰胺、溴氰虫酰胺等成分的种衣剂进行种子包衣；亩用 40%氯氟氰菊酯乳油 20～30 mL，兑 50 kg 水喷雾	
玉米螟	心叶末期	用 1.5%辛硫磷颗粒剂点心叶，每株用 2 g；或选用 10%四氯虫酰胺 1 200 倍液、2.5%高效氯氟氰菊酯乳油 2 500 倍液、2%甲氨基阿维菌素苯甲酸盐微乳剂 1 000～2 000 倍液喷雾	

续表

病虫害名称	防治适期	推荐使用药剂及使用方法	备注
黏虫	幼虫3龄前	选用0.3%印楝素乳油（爱禾、绿晶）300～500倍液、10%溴氰虫酰胺可分散油悬浮剂1 000～1 500倍液、5%高效氯氰菊酯1 500倍液兑水喷雾	
玉米叶螨	叶螨点片发生时	选用15%哒螨灵乳油2 300～3 000倍液、5%噻螨酮乳油1 500～2 000倍液、73%炔螨特乳油2 000～3 000倍液喷雾	重点喷洒田块周边玉米中下部叶背及地头杂草

6. 注意事项

（1）杀虫灯注意在害虫成虫羽化高峰期和夜间活跃时段使用，最大限度保护生态平衡。

（2）性诱剂诱杀技术应大面积连片应用，且不能将不同害虫的诱芯置于同一诱捕器内。

（3）生物农药应在病害发生初期或害虫低龄阶段施用，确保防效。

（4）地下害虫施药宜在清晨或傍晚，用水量要足，施药部位要精准。

（5）当季使用过烟嘧磺隆除草剂的地块，避免使用有机磷农药，以免发生药害。

（6）注重农药的交替使用、轮换使用、科学安全使用，延缓抗药性产生。

四、 实训步骤方法

（1）认识酿酒玉米主要病害，并掌握主要病害的发生规律。

（2）认识酿酒玉米主要虫害，并掌握主要虫害的发生规律。

（3）熟悉酿酒玉米综合防治方法，当益害比例失调，能正确针对各类病虫害进行化学防治。

（4）以小组为单位，选择试验地块，针对当地酿酒玉米主要病虫害进行综合防治。

五、 考核标准及配分

本技能满分100分，要求达到80分以上。

（1）认识酿酒玉米主要病虫害，20分。

（2）明确酿酒玉米各主要病虫害发生规律，20分。

（3）防治方案切实可行，操作规范，防治效果好，60分。

六、 作业

通过合理使用农药，及时关注病虫害的情况，撰写酿酒玉米田间病虫害防治效果报告。

综合实训七 酿酒玉米人工去雄和辅助授粉

一、实训目的

掌握酿酒玉米人工去雄及辅助授粉技术，为提高结实率、增加产量打下基础。

二、训练场所、用具及材料

（1）训练场所：作物生产实训基地。

（2）用具及材料：剪刀、竹竿、绳子。

三、实训内容

（一）人工去雄

酿酒玉米去雄只要方法得当，一般均表现增产。因玉米在抽穗开花过程中，雄穗呼吸作用旺盛，消耗一定养分，去雄后节省养分、水分，可供雌穗发育，增加穗粒数，去雄还可以改善植株上部光照条件、降低株高、防止倒伏，同时，去雄还有防玉米螟的效果。据试验结果，去雄可增产10%左右，农民反映说：“玉米去了头，力量大无穷，不用花本钱，产量增一成。”去雄虽然是一项增产措施，但如果操作不当，茎叶损失过多，还会造成减产。

（1）时间：雄穗刚露出顶叶尚未散粉时，一般在10:00—15:00时为宜。

（2）方法：用手拔除每株的雄穗。

（3）注意事项：

①去雄要在雄穗刚露出顶叶尚未散粉时，用手抽拔掉。如果去雄过早，易拔掉叶子影响生长；如果去雄过晚，雄穗已开花散粉，失去去雄的意义。

②无论去雄或剪雄，都要防止损伤叶片，去掉的雄穗要带到田外，以防隐藏在雄穗中的玉米螟继续危害果穗和茎秆。

③去雄要根据天气和植株的长相灵活掌握。如果天气正常，植株生长整齐，去雄可采取隔行去雄或隔株去雄的方法，去雄株数一般不超过全田株数的1/2为宜，靠地边、地头的几行不要去雄，以免影响授粉。授粉结束后，可将雄穗全部剪掉。以增加群体光照和减轻病虫害。如果碰到高温干旱或阴雨连绵天气，或植株生长不整齐时，应少去雄或不去雄，只在散粉结束后，及时剪除大田全部雄穗。

④去雄要注意去小株、去弱株，以便使这些小弱株能提早吐丝授粉。

（二）辅助授粉

酿酒玉米是异花授粉作物，往往因高温干旱或阴雨连绵造成授粉不良，结实不饱满，导致减产。试验证明，实行人工辅助授粉，能减少秃顶和缺粒现象，使籽粒饱满，一般可增产10%左右。

1. 时间

玉米雄花开放主要在8:00—11:00时，此时花粉刚开放，生活能力强，加之上午气温较低，田间湿度较大，最易授粉受精，如果没有风，花粉不易落下，到午后气温升高，田间湿度也下降，花粉生活力降低，甚至死亡，即使落下来，也无授粉能力。吐丝晚的植株，如果田间花粉已经散完，无法再授粉，则应采集其他田块玉米的花粉进行授粉。

2. 方法

人工拉绳法：两人各执2 m长竹竿沿垄沟和田边进行，两个竹竿顶绑上绳子，使玉米雄穗晃动，增加散粉，一般进行2～3次。

四、 实训步骤方法

（1）分组实施人工去雄。

（2）分组实施人工辅助授粉。

五、 考核标准及配分

本技能满分100分，要求达到80分以上。

（1）人工去雄及时、彻底、干净，50分。

（2）人工辅助授粉方法得当，能有效减少秃尖和缺粒现象，玉米籽粒饱满，50分。

六、 作业

通过去雄和人工辅助授粉，合理地降低了植株高度，节约了养分，比较与未去雄和人工辅助授粉田块之间的差异。

综合实训八　酿酒玉米生产总结

一、 实训目的

掌握酿酒玉米生产情况调查的方法，能够写出反映生产实际，具有一定技术水平和参考价值的高产优质技术总结。

二、训练场所、用具及材料

（1）训练场所：实训室和实训基地。

（2）用具及材料：当年酿酒玉米生产计划、当地气象资料、酿酒玉米生产情况记录等资料，记录本、米尺、铅笔、计算器等工具。

三、实训内容

酿酒玉米生产技术总结是从技术角度描述生产方案的实施情况，对生产计划的落实形成一个客观的结论。按照生产方案进行的酿酒玉米生产结束后，将生产中积累的经验和发现的问题进行整理、归纳和分析，研究成功的技术因素，探索规律，分析存在的问题，做出科学的结论，是酿酒玉米生产中的重要环节。

做好酿酒玉米生产总结的重点是要进行酿酒玉米生产情况调查，包括对生产对象的耕作栽培措施、生育情况和土壤气候条件进行详细调查。对一些不便于田间调查的项目，可进行室内考种分析，形成详细的资料。调查主要采用典型调查和抽样调查的方法。典型调查是在生产对象中选取有代表性的生产单位或农户进行调查，了解生产方案实施情况，总结经验教训。抽样调查是从生产对象中随机抽取一定数量的样本，进行调查分析，再根据样本推断总体情况。

在掌握生产情况的基础上，经过资料分析与汇总，撰写酿酒玉米高产优质技术总结。作物丰产技术总结一般由标题、正文和落款三部分组成。做好丰产总结既要保持材料的客观性，进行实例说明，又要进行科学的抽象，形成鲜明的观点。要将系统的作物栽培知识、农业生产知识同专业写作知识相结合，实事求是地反映生产中的成绩和问题。

（一）生产情况调查

选取有代表性的农户或生产单位，调查的主要内容有：

（1）酿酒玉米生产过程中选地、选茬、整地施肥、播种育苗、田间管理和收获储藏等技术环节的落实情况，成功的因素是什么，在技术上还有哪些问题需要解决。

（2）农民掌握技术的情况、认识程度、技术操作过程中存在的问题等。

（3）当地气候条件，包括有利条件和不利条件。

（4）自然灾害发生情况。

（5）生产成果，包括产量、品质、效益等。

（二）资料汇总

将调查中得到的资料进行认真分析、汇总，对所得的数据进行核实，通过科学抽象找出规律，总结生产中各项技术措施产生的结果和暴露出来的问题，提出解决问题的方法和措施。

（三）撰写丰产技术总结

根据调查和分析的结果，写出酿酒玉米高产优质技术总结。主要内容包括以下方面：

（1）生产情况概述。包括时间、背景、条件和结果等。

（2）情况分析。这是总结的主体，主要介绍生产任务完成情况，采取的主要技术措施，取得的成绩和经验教训。

（3）结论和意见。对生产情况做出结论，提出今后的改进措施和新的生产目标。在撰写丰产技术总结时要注意以下几个问题：①获取详细的材料，深入分析，找出规律，使文章的观点准确、鲜明；②确定结构形式，拟定写作提纲，按提纲要求进行写作；③抓住特点，突出重点，不要面面俱到；④以叙述为主，多用数据和实例说明问题。

四、 实训步骤方法

（1）酿酒玉米生产情况调查。以小组为单位，到实训基地或农户调查，取得详细资料。

（2）实际案例分析。分析已有的生产总结，掌握生产总结的具体写法和要求。

（3）撰写生产总结。由学生以个人为单位撰写生产总结。

五、 考核标准及配分

本技能满分 100 分，要求达到 70 分以上。

（1）酿酒玉米生产调查，调查内容全面、详尽，30 分。

（2）资料整理，资科整理详略得当，规范整齐，30 分。

（3）总结报告，主题鲜明，技术内容丰富，概括准确，总结恰当，文章布局合理，行文规范，40 分。

六、 作业

查阅资料，掌握酿酒玉米农业生产情况。

第三章　酿酒高粱品种选育实训

综合实训一　酿酒高粱特征的识别

一、实训目的

让学生了解酿酒高粱生产的意义，掌握酿酒高粱的特征，明确酿酒高粱品种选育的要求。

二、实训场所、用具及材料

（1）训练场所：实训室。

（2）用具及材料：多媒体设备，《川南糯红高粱质量分级》等资料。

三、实训内容

（一）酿酒高粱生产现状

1. 酿酒高粱生产意义

高粱［*Sorghum bicolor*（L.）Moench］又称蜀黍，属禾本科粮食作物，主要分布在东北和华北两大粳高粱主产区和西南糯红高粱主产区，其中，四川高粱栽培历史悠久。四川糯高粱是酿造四川名优白酒的最主要原料，比如全国名酒五粮液、泸州老窖、剑南春、郎酒、全兴大曲均以糯高粱为主要原料，以糯高粱为主要原料酿造而成的高端白酒是白酒产业的核心竞争力所在。因此，糯红高粱具有优良的品质优势和明显的市场竞争力，其优秀代表"宜宾糯红高粱"和"泸州糯红高粱"是农业部地理标志产品，成为宜宾和泸州糯高粱的标签，对保持和提升四川名优白酒独特风味影响深远，甚至各酒业企业为保证自有品牌高端优质白酒的独特风味，形成了不同特性糯高粱品种与品牌有机衔接的局面，如"五粮液"与"宜糯红"，"泸州老窖"与"国窖红1号"，"郎酒"与"郎糯红19"等。四川生态条件与北方有很大差异，生产上种植的多为散穗型糯高粱品种，糯高粱品种适应性强，品质好，出酒率高，因此，保证酿酒高粱的生产对保证四川名优白酒品质具有重要的意义。

2. 酿酒高粱发展状况

据估计，四川糯高粱种植面积需达到13.33万 hm^2，才能基本保证四川名优白酒对糯高粱的需求，然而，四川糯高粱种植面积远不能满足，2018年，四川省种植面积仅为3.6万 hm^2，总产19万 t。为擦亮川酒金字招牌，保障四川名优白酒独特风味，基本保证酒业企业对优质糯高粱的需求，2019年，四川省共落实建设酿酒专用粮生产基地10.82万 hm^2，其中酿酒高粱7.38万 hm^2，高粱种植面积比2018年翻了一番。2017年以来，宜宾市实施“优粮名酒”战略，大力推动酿酒专用粮基地建设，酿酒专用粮基地从2018年3.64万 hm^2 增加到2021年全面建设13.33万 hm^2，其中高粱种植面积从2.38万 hm^2 增加到3.33万 hm^2。酿酒专用粮生产基地建设在一定程度上缓解了四川酒业企业对优质糯红高粱的迫切需求，但缺口仍然巨大，在保障主粮粮食生产安全的大背景下，迫切需要从品种改良、提高高粱单产水平方面来增加四川糯红高粱的产量和供给。

（二）酿酒高粱品质特征

1. 高粱品质对酒质的影响

高粱籽粒品质包括淀粉含量及结构、蛋白质、脂肪、单宁等，其含量的高低直接影响着酒质和酒量。因此，不同高粱品种对白酒产量和品质的影响不同，甚至同一品种产地不同对白酒产量和品质也有一定的影响。总体而言，以高粱为原料，以传统固态发酵工艺酿造，高粱品质对酿酒品质的影响如下：

（1）淀粉及支链淀粉含量要高。淀粉是产生酒精的主要物质，同时也是霉菌和酵母的营养及能源。从理论上推算，每百公斤淀粉经过完全发酵可生成乙醇56.82 kg。因此，高粱籽粒中淀粉含量越多，出酒率就越高。高粱淀粉含量的高低因品种类型及产地而异。四川酿酒采用传统的固态发酵工艺，要求以优质糯高粱品种为主要原料。糯高粱直链淀粉含量低，支链淀粉含量高，有的几乎全为支链淀粉，纤维素含量少，在发酵过程中易达到皮薄柔熟、玄清、收汗等工艺标准，有蒸后籽粒裂口小、闷水时淀粉流失少、糖化发酵好、淀粉利用率高等特点，更易满足传统酿酒工艺要求。一般认为，淀粉总含量需在68%以上，支链淀粉占比在90%以上是高品质糯高粱的最低标准。

（2）单宁含量适当。高粱籽粒中单宁为复杂的高分子多元酚类化合物，少量的单宁对发酵过程中有害微生物有一定的抑制作用，且能生成单宁衍生物酚元化合物，赋予高粱酒以特殊香味，因此以高粱为原料酿酒的白酒酒香。但单宁有收敛作用，能凝固蛋白质，使之不能进行正常的糖化发酵。以杂交粳高粱为原料的试验结果表明，添加1.8%的单宁比不加单宁产酒量略低，总酸和总酯也低。当高粱籽粒中的单宁含量达3%时，就会对发酵过程产生不良影响，酸度上升，以致阻碍酵母的生命活动，酒的口感会变涩变差。有研究认为，以含单宁0.5%～1.5%的高粱籽粒较好，而《川南糯红高粱质量分级》要求单宁含量大于1.2%，因此，高粱单宁含量在1.2%～1.5%为佳。

(3) 蛋白质含量中等。酿酒原料中蛋白质在白酒生产过程中经曲霉菌水解后，可为酵母菌等微生物生长繁殖提供养分。原料中的蛋白质含量适当，则微生物生长旺盛，酶的活性也高。蛋白质含量过高，在发酵过程中由氨基酸生成的杂醇油偏高，杂醇油虽然是白酒香味的组成部分，但过多则有毒害，影响酒的质量。因此，酿酒高粱籽粒的蛋白质含量不宜过高，《川南糯红高粱质量分级》要求不超过10%，一般以8%为宜。

(4) 脂肪含量宜低。酿酒高粱的脂肪过多生酸较快，生酸幅度也较大，酒有杂味，且遇冷易显混浊。故脂肪含量不宜过多，《川南糯红高粱质量分级》要求不超过6.5%，一般要求在4%左右。

(5) 角质率宜低。角质，又称玻璃质，是指高粱籽粒的质地特征，具体表现为籽粒硬度大，截面呈玻璃质地状。玻璃质多，籽粒硬度大，吸水慢，糊化温度高，不利于糖化发酵，影响出酒率，此外，玻璃质多的籽粒蛋白质含量也高，氨基酸生成的杂醇就多；玻璃质少，籽粒硬度更小，吸水迅速，糊化温度低，从而有利于糖化发酵和出酒率的提升，酒质通常也越好。实验结果显示，南方高粱的玻璃质含量明显低于北方高粱。

(6) 容重宜高。高粱的容重与籽粒的成熟度、饱满度、角质率有关，高粱籽粒成熟好、饱满、角质率高，则容重较高。一般而言，糯高粱容重普遍较粳高粱高。《川南糯红高粱质量分级》要求一级糯红高粱需容重≥740 g/L，二级容重≥720 g/L，三级容重≥700 g/L，可见，容重是糯红高粱品质的重要指标。

(7) 外观品质好。外观以中粒种、大小均匀一致、色泽金黄色或褐色、无虫蛀、无霉烂、皮薄为宜。籽粒含水量在14%以下，以利仓储，避免霉烂变质。

2. 酿酒高粱品质特征及分级

高粱是酿造浓香型白酒的主要原料之一，高粱原料的优劣与浓香型白酒的品质风味息息相关。业界普遍认知里，适合酿酒的高粱通常具有皮厚耐蒸煮、易糊化、支链淀粉含量高、单宁适中等特点，如大名鼎鼎的“川南糯红高粱”。川南特有种质资源及高温高湿条件下，高粱出现“假熟”现象，能够使酿酒专用高粱呈现出“物理结构疏松”和“化学成分多样”的品质特征，使其在作为酿酒专用粮的品质上形成较强的自然垄断性。其中，宜宾绝佳的生态环境，被联合国教科文组织及粮农组织认定为“在地球纬度上最适合酿造优质纯正蒸馏白酒的地区”。《川南糯红高粱质量分级》标准规定了川南糯红高粱的术语和定义、质量等级、质量指标、质量分级方法、检验规则、包装、储存及运输要求。川南糯红高粱指产于宜宾市、自贡市、内江市、泸州市等川南及毗邻相近生态区域内的，具有支链淀粉含量较高、淀粉含量较大、蛋白质和脂肪适中、单宁含量偏高等特征，籽粒呈橙红色、浅褐色或红褐色，粒形偏小、颗粒均匀的，适宜酿造白酒的工业用高粱。其质量基础指标、分级指标见表3-1、表3-2。

表3-1 质量基础指标

项目	指标要求	检验方法
色泽、外观、气味	具有本品固有的色泽和气味，应为橙红色、浅褐色或红褐色，粒形偏小、颗粒均匀，无明显虫蛀和活虫，无霉味、生味或其他异味	GB/T 5492
单宁/（%）	≥1.2	GB/T 15686
淀粉总量（干基）/（g/100 g）	≥68.0	GB 5009.9
干基千粒重/（g）	16.0～22.0	GB/T 5519
杂质/（%）	≤1.0	GB/T 5494
不完善粒/（%）	≤3.0	GB/T 5494
带壳粒/（%）	≤3.0	按GB/T 5494“小样杂质检验”的要求执行，拣出带壳粒，称量并计算含量
互混率/（%）	≤2.0	GB/T 5493
水分/（%）	≤14.0	GB/T 5497、GB 5009.3（仲裁法）

表3-2 分级指标

项目	级别	指标要求	检验方法
容重/（g/L）	一级	≥740	GB/T 5498
	二级	≥720	
	三级	≥700	
支链淀粉占总淀粉/（%）	一级	≥97.0	按GB 7648的规定，测定出直链淀粉；用淀粉总量减去直链淀粉含量得出支链淀粉含量，计算支链淀粉占比
	二级	≥95.0	
	三级	≥90.0	

根据上述高粱质量基础指标和分级指标，高粱质量分级方法如下。

（1）快速定级

①当互混率基础指标满足表3-1要求后，宜采用表3-2中容重分级指标对川南糯红高粱质量等级进行快速定级。

②当互混率指标未满足表3-1要求或容重指标低于表3-2中三级要求时，可直接判定

为等外级。

（2）综合定级

在基础指标均满足符合表 3-1 要求的基础上，应按表 3-2 中分级指标规定对川南糯红高粱质量等级进行综合定级。应按下列定级方法确定川南糯红高粱等级：

①当所有指标均符合表 3-2 中的同一质量级别时，直接确定相同级别；

②当所有指标均符合表 3-2 中的三级及以上时，按能够满足的最低级别确定；

③当有一项不能满足表 3-2 中三级要求时，可直接判定为等外级。

四、 实训步骤方法

（1）了解酿酒高粱生产的意义和生产现状。

（2）掌握酿酒高粱品质对酒质的影响。

（3）掌握酿酒高粱分级标准。

五、 考核标准及配分

本技能满分 100 分，合格标准要求达到 80 分。

（1）酿酒高粱生产意义及现状，20 分。

（2）酿酒高粱品质对酒质的影响，40 分。

（3）酿酒高粱分级标准，40 分。

六、 作业

讨论酿酒高粱品种选育时，应该设定怎样的品质育种目标。

综合实训二　酿酒高粱种质资源收集及保存

一、 实训目的

明确种质资源在酿酒高粱育种工作中的重要作用，掌握酿酒高粱种质资源收集、整理和保存的方法和技术要求；能够正确进行酿酒高粱种质资源收集、整理和保存工作。

二、 实训场所、 用具及材料

（1）训练场所：实训室、种质资源丰富的地区。

(2) 用具及材料：照相机、摄像机、放大镜、卷尺、标签、原始记录卡片、记录本、铅笔、地形图、交通图、生石灰、氯化钙、硅胶、种子袋、密闭容器、铁锹、标本夹等。

三、 实训内容

(一) 种质资源在酿酒高粱育种中的重要性

川南地区具有酿酒高粱生产区域优势，近年来，酿酒高粱病虫害严重，株高过高而不宜机械化收割，还存在因不耐高温高湿而不能与油菜接茬轮作、遗传基础狭窄、产量有待进一步提高等问题，面对复杂多变的气候环境时，生产风险较大。然而，具有病虫害抗性、可利用矮化资源、耐高温高湿的优异种质资源缺乏，酿酒高粱突破性品种选育难度大，新品种多元化不足。因此，多元化的酿酒高粱地方优异种质资源的收集、评价及保存，对酿酒高粱突破性新品种选育尤为重要。

(二) 酿酒高粱种质资源收集

1. 国家种质资源库申请

种质资源是育种的重要材料，我国拥有丰富的高粱地方种质资源。种质资源的收集可以向国家种质资源库申请使用，《全国高粱品种资源目录》的高粱品种资源有 18004 份，而根据中国作物种质信息网，国家种质资源库现已库存高粱种质资源材料共计 16876 份。其中 888 份地方种质资源来源于四川（含重庆），贵州 37 份，两地共 925 份，这些原产白酒金三角地区及周边地区的种质资源能够适应本地区不同生态环境及种植要求，且具有丰富的遗传变异，品质性状较为突出，以《川南糯红高粱质量分级》(DB5115/T 4002—2024）为优异种质资源的参考标准：总淀粉含量在 68%以上的有 472 份，其中支链淀粉占 90%的有 294 份，支链淀粉占 95%的有 195 份，支链淀粉占 97%的有 90 份；单宁含量大于 1.2%的有 113 份。此外，这些种质资源中抗旱等级为 1 级的多达 283 份，免疫丝黑穗病（抗级为 0）的有 259 份，株高小于 200 cm 的有 96 份。这些遗传变异大的优异种质资源具有极大的育种利用价值，为后期酿酒高粱品种选育创造了有利条件。

2. 从农户或野外收集

研究认为，高粱起源于非洲，经印度传入中国。齐思和（1953）指出，现在在华北和东北种植很广泛的高粱是外来的植物。大约在晋朝以后中原始有，而到了宋朝以后种植才逐渐普遍。他认为高粱大概是西南少数民族先行种植，之后普及于全国。由此可见，高粱在西南地区种植较早，种质资源丰富。尽管国家种质资源库现已库存 888 份来源于四川（含重庆）的地方种质资源，贵州 37 份，两地共 925 份，但原产白酒金三角地区及周边地区的种质资源仍需进一步收集。

（1）查阅相关资料，确定收集路线。查阅高粱种质资源资料，如品种志、品种资料目录、品种试验总结、考察报告、引种报告、育种成果等，确定考察收集地点；了解考察地的农业生产情况，如高粱种植历史、种植面积、当地耕作制度、主要病虫害、农业发展规划等；了解考察地的自然地理条件，如地形、地质、土壤、水文、气象、植被等情况，准备考察地区的地形图和交通路线。

（2）确定收集时间。酿酒高粱种质资源收集的时间，应根据其生育期和特点确定，收集时间最好是蜡熟期，该时期籽粒中的水分逐渐减少，淀粉积累增加，籽粒呈现出蜡状光泽。这个阶段的籽粒较为坚硬，适合收割。

（3）确定收集方法。高粱及其近缘野生种，必须有花和果实；采集到的植株和种子应及时挂标签，在标签上用铅笔写明采集时间、地点、品种名称和采集人，注意同一品种的植株和种子编号要一致，并记入原始记录卡片内；原始记录卡片用较厚的卡片纸制成，大小以携带方便为宜，两面印刷，卡片颜色以白色为好，也可以是浅灰色、浅蓝色、浅绿色等；对全株全貌、植株形态特征、采集地点的生态环境全景和采集过程进行摄影、录像，积累图像信息资料。

（三）酿酒高粱种质资源整理

按照统一的鉴定标准，对不同时期从不同源地征集的种质资源，采取田间种植的形态观察鉴定与室内分析相结合的方法，进行农艺性状、品质性状及其特性的系统鉴定和整理。

经初步整理的材料，可按原产地、亲缘关系和不同类型进行分类登记，如以酿酒用途为主要目的进行种质资源收集时，按主要性状进行分类，可分为穗形、淀粉含量、支链淀粉含量、单宁含量、抗病性、生育期等类别，按顺序编号登记。

表 3-3 酿酒高粱种质资源原始记录卡片

名称： 收集人： 收集时间：

原位点号					
地点					
位置（离基点的方向和距离/km）					
东经		北纬		海拔	
地形		生态环境			
坡面		坡度			
土壤类型		土壤肥力			
平均温度		最高温度			

续表

最低温度		降雨量	
学名			
生长习性		生育周期	
形态特征			
分布面积		种群数量	
危害因素			
危害状况			
多样性评价			
备注			

(四）酿酒高粱种质资源保存

1. 保存前处理

首先剔除破碎种子、空粒、瘪粒、霉粒、受病虫侵害粒及其他混杂种子，以及灰尘等其他物质；其次对生活力进行检测，主要是对发芽率进行测定，高粱种子初始发芽率的检测按照 GB/T 3543.4 执行，保存的高粱种子发芽率应≥75%，保存量应≥150 g；最后测定种子含水量，按照 GB/T 3543.6 执行，若含水量达到储藏要求，则进行储藏，达不到要求，将种子装入透气的尼龙网袋中，放入干燥箱或干燥间内进行干燥后再测定，直至满足储藏条件为止。

2. 保存环境

高粱种质资源应存放在阴凉、干燥、通风良好的地方，避免阳光直射和潮湿环境。低温库温湿度条件：长期库温度－18℃±2℃，相对湿度小于 50%，种子含水量 5%～7%；中期库温度 0℃±4℃，相对湿度小于 65%，种子含水量 5%～9%。

3. 防潮和防虫

种子应存放在密封容器中，以防止潮湿和虫害。避免将种子与农药、化肥等可能产生挥发性气体的物质放在一起，以免影响种子的发芽率。

4. 监测与更新

定期检查种子的状态，及时处理异常情况，如发现种子发霉或变质应及时处理。长期库生活力监测间期，首次生活力监测间期为 15 年，第二次及随后监测间期：当发芽率高于 85%以上时，每 10～15 年监测一次；当发芽率低于 85%时，每 5～10 年监测一次。中期库生活力监测间期为 5 年。依据监测结果，确定需要繁殖更新的高粱种子清单。将需繁殖更新的种子信息输入数据库，建立繁种更新数据库。

四、 实训步骤方法

（1）查阅资料，了解种质资源重要性和基本情况。

（2）查阅中国作物种质信息网，了解国家种质资源库现已库存高粱种质资源材料的基本情况。

（3）分组讨论确定收集酿酒高粱种质资源的方法、数量和地点，开始收集并做好记录。

（4）种质资源整理和保存，对收集的高粱种质资源进行室内分析、整理，并填写种质资源分类登记表。

表 3-4 种质资源登记表

编号	名称	别名	原产地	征集地	征集时间	种质类型	用途	主要性状	备注

五、 考核标准及配分

本技能满分 100 分，合格标准要求达到 60 分。

（1）收集地点、路线和时间确定合理，10 分；

（2）采集种子和标本具有代表性，20 分；

（3）种子和标本编号正确，10 分；

（4）原始记录卡片填写符合要求，20 分；

（5）准确填写种质资源登记表，20 分；

（6）正确进行种子干燥处理和密封保存，20 分。

六、 作业

分组讨论并设计在宜宾及周边地区收集酿酒高粱种质资源的考察路线、收集方法、整理方法和储藏方式。

综合实训三　酿酒高粱突变体创制

一、实训目的

让学生了解诱变育种在高粱种质资源创制甚至品种选育中的重要作用，掌握诱变育种突变体的筛选方法。

二、实训场所、用具及材料

（1）训练场所：实训室、试验农场。

（2）用具及材料：EMS、高粱种子、EMS诱变M_2材料、网袋、尺子、电子天平等。

三、实训内容

（一）了解诱变育种中突变体的创制方法

作物诱变育种是人为利用物理诱变因素（如γ射线、X射线、中子、β射线、激光、离子束、电子束、太空诱变等）和化学诱变剂（如烷化剂、叠氮化物、碱基类似物等）诱导植物发生遗传变异，在较短时间内获得有利用价值的突变体。根据育种目标要求，选育成新品种直接生产利用，或育成新种质作为亲本在育种上利用，即突变体间接利用的育种途径。

其中，植物利用EMS诱变获得突变体，是遗传学鉴定和验证基因功能的主要方法之一。EMS是一种烷化剂，也是一种高效、稳定的化学诱变剂，主要诱发点突变。其烷化作用是DNA鸟嘌呤N7位置上烷基取代H离子后，使之成为一个带正电荷的季铵基团。容易产生两种遗传效应：一是烷化的鸟嘌呤与胸腺嘧啶配对，不再与胞嘧啶配对，发生转换型突变；二是烷基活化的鸟嘌呤，由于糖苷键断裂造成脱嘌呤，脱去鸟嘌呤的DNA分子，原来的鸟嘌呤位置成了一个空位，然后进行复制，互补位置上的碱基配对不受限制，4种碱基都有机会进入，从而导致置换现象发生。此外，还可以发生糖-磷酸骨架断裂，造成染色体缺失。EMS的诱变效率高、频率高、范围广。其产生点突变的频率较高，染色体畸变相对较少，可以对作物的某一种性状进行改良。

（二）酿酒高粱EMS诱变突变体的创制程序

选取生产上推广的酿酒高粱品种（如宜糯红4号、青壳洋、红樱子等）为诱变的野生型材料，对其进行EMS（0.25%）化学诱变，将诱变处理后的种子播种于实验农场中，按单株套袋收种得到 M_1 代种子，再将 M_1 按单株分系播种，得到 M_2 代株系（建议种植 20 个单株以上）。从 M_2 代株系中鉴定得到表型变化（如株高降低，叶片变窄，穗子变大，抗病性增强）的突变体。将这些突变体进行自交或分别与野生型回交得到表型稳定的突变体，构建高粱突变体库。

（三）酿酒高粱 EMS 诱变突变体的性状调查及筛选

M_1 代单株时，通常可不进行突变体筛选，一方面由于 EMS 诱变过程中会造成突变当代种子的细胞或染色体受损，M_1 代存在生理损伤和嵌合现象，出现非遗传变异；另一方面 M_1 代多为隐性突变或杂合状态，隐性突变无法直接表现表型，需通过自交或繁殖到 M_2 代，隐性突变纯合后才能被观察到。

EMS 突变体的性状调查通常在 M_2 代进行，主要从以下性状进行调查及筛选：

（1）叶色突变在诱变群体中常有白化苗出现，这些白化苗部分因为不能进行光合作用而在苗期死亡，部分会生长到一定时期转为绿色后正常生长。此外，在 M_2 代中还会出现叶片整个生育期是浅绿色的突变体，不发生分离或呈现 3∶1 分离比。近年来，叶色突变体的利用价值越来越受到关注。叶色突变体在高等植物的光合作用机制，叶绿素生物合成途径，叶绿体结构、功能、遗传、分化与发育以及细胞器的移植、细胞融合、遗传转化、基因表达调控等基础研究中具有重要意义。另外，叶色突变体在生产实践过程中也具有重要的意义，如利用容易识别的特点提高种子的纯度，作为形态标记进行辅助育种等。

（2）叶形突变机械化栽培高粱是高粱栽培的趋势，通常是通过密植以增加群体产量为育种目标，种植密度一般比传统种植增加 30%～50%，要求栽培的品种必须耐密植。而叶片数多、叶片大的品种单株叶面积大，光合生产率高，单株产量高，但不适合密植，单位面积产量不一定高。而叶片窄小、叶数少的品种，虽然单株叶面积小，单株产量不高，由于适于密植，也可以获得较高单位面积产量。因此，叶形突变也是酿酒高粱突变体筛选的重要性状，通常选择叶片上挺、叶片角度小、叶片偏窄的植株，以期能应用于耐密植栽培育种中。

（3）株高变异植株矮化是高粱育种实践中最重要的农艺性状之一，高粱株高的降低是培育适合机械化新品种的最重要指标之一。因此，挖掘高粱矮秆基因，是培育适宜株高新品种的前提条件。酿酒高粱常规品种通常在 2.5～3.0 m，不适宜机械化收割，因此，筛选株高较矮、穗子变化不大的材料是 EMS 诱变育种重要的目标之一。

（4）穗部突变 EMS 诱变处理后，穗部性状，如穗的大小、重量、千粒重等性状容易发生变化，筛选稳定遗传的增加穗粒重的突变体对提高高粱产量具有重要意义。

（5）生育期突变。生育期是作物生长发育的重要指标，并直接影响作物的经济指标。

培养生育期较短的酿酒高粱品种可以提高高粱—油菜轮作的种植面积，降低酿酒高粱的生产风险。

(6) 其他性状。在诱变育种中，育性突变、早衰突变、抗病性和抗逆性突变这些非常重要的农艺性状时有发生，对这些性状进行鉴定并筛选出相关突变体，对选育高产优质高粱新品种具有重要作用。

四、 实训步骤方法

(1) 了解诱变育种在高粱种质资源创制和品种选育中的重要作用。

(2) 了解 EMS 诱变处理酿酒高粱种子的方法。

(3) 种植 EMS 诱变 M_2 家系材料，并对整个生育期的重要农艺性状进行观察和测量，筛选酿酒高粱突变体材料。

五、 考核标准及配分

本技能满分 100 分，合格标准要求达到 60 分。

(1) 了解诱变育种的含义和重要性，20 分；

(2) 了解诱变育种，特别是 EMS 诱变的方法和原理，20 分；

(3) 种植 EMS 诱变 M_2 家系材料，20 分；

(4) 对 M_2 家系材料进行性状观察和测量，筛选出酿酒高粱突变体并保存种子，40 分。

六、 作业

完成一份酿酒高粱 EMS 诱变 M_2 家系突变体观察及筛选的实训报告。

综合实训四　酿酒高粱自交及杂交技术

一、 实训目的

让学生了解酿酒高粱花器构造和开花习性，同时掌握酿酒高粱自交和有性杂交技术，为酿酒高粱的杂交育种做好准备。

二、 实训场所、 用具及材料

(1) 训练场所：试验农场。

(2) 用具及材料：高粱各种种质资源，羊皮纸袋、剪刀、尖头镊子、酒精盒、脱脂棉花、70%酒精、曲别针、订书机等。

三、 实训内容

(一) 高粱花器构造及开花习性的观察

1. 高粱花器构造

高粱是常异花授粉作物，两性花，染色体基数 X=10，二倍体。高粱的穗为复总状花序也称圆锥花序，由穗轴、枝梗、小穗、小花等基本单位构成，中央有一主轴称穗轴，在穗轴上生 4～10 个节，每节轮生 5～10 个分枝，称为第一级枝梗。第一级枝梗上长出第二、第三级枝梗。小穗通常成对着生于圆锥花序的第二级或第三级枝梗上。

成对小穗中，较大的是无柄小穗，较小的是有柄小穗，位于无柄小穗一侧。但在第三级枝梗的顶端，一般并生三个小穗，中间小穗无柄，两侧有柄。

无柄小穗内有两朵小花，上方的为可育花，下方的为退化花，可育花有外稃和内稃，均是膜质。外稃较大，内稃小而薄，在内外程之间有 3 枚轮生雄蕊和 1 个羽毛状雌蕊。雄蕊由花丝和花药组成，花丝细长，顶端生有 2 裂 4 室筒状花药，中间有药隔相连。雌蕊由子房、花柱、柱头组成，居小花中间。绝大多数退化花仅有 1 片外颖，只有个别品种的退化花可以正常发育并结实，形成一壳双粒。无柄小穗外有两枚颖片，将发育成壳。

有柄小穗比较狭长，成熟时或宿存或脱落，有柄小穗亦含两朵小花，一朵完全退化，另一朵只有雄蕊正常发育，为单性雄花，开花较与之相邻的无柄小穗小花晚 2～4 d。极少数品种的有柄小穗具有子房并产生种子，但其所结种子比无柄小穗所结种子小。

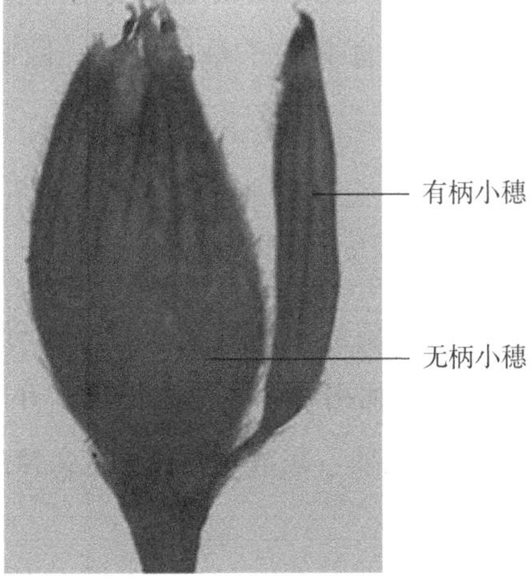

图 3-1 高粱成对小穗

2. 开花习性

当高粱穗完全伸出来时，花序一般便开始开花。当然有的品种早开始开花，即边抽穗边开花；也有的品种在抽穗后 2～6 d 开始开花。开花顺序是自上而下，开的第 1 朵花或者是最上面的穗的枝梗顶端的无柄小穗，或者是第 2 个无柄小穗。一般来说，位于穗同一水平上的无柄小穗大约在相同时间开花。同一分枝上的有柄小穗要比无柄小穗晚开花 2～4 d。整个花序从开始开花到结束的时间，由于品种、穗子大小，温湿度等不同可能要 6～15 d，通常是 6～9 d。开花高峰期大约在整个开花期的一半时段，始花后 3～6 d 为盛花期，尤以第 4～5 d 开花最多。每天开始开花的时间已有各种报道，从晚上 10 点到次日上午 8 点半，但同一地点的不同品种或同一品种在不同地点开始开花的时间都是不同的，在中国，综合高粱开始开花研究的结果是从晚 7 点至翌晨 7 点，开放的花朵数占全日开花总数的 90.3%～96.7%；从上午 7 点到下午 7 点时间开花的极少。开花的节律主要受黑暗和温度的影响，最适宜温度为 20～22℃。高粱花粉直到开花前 1 h 才成熟，并具有萌发力。花粉通常存活 3～4 h，而柱头生活力可达 6～10 d。

综上所述，根据高粱的开花习性，可以知道：开花高峰期大约在整个开花期的一半时段，这个时候散粉也最多，收集花粉可在 7:00—10:00 时进行，此时花粉生活力最强。

（二）自交方法

高粱是两性花，常异花授粉作物。在特定条件下，风媒异花授粉可超过 60%，具体取决于基因型，平均约为 6%。在田间条件下，驯化高粱的异交率一般在 5%～40%。因此，为了保持遗传纯度或者进行遗传研究，高粱种质资源保存有必要进行自交，高粱一般采用套袋隔离法进行自交，即通过物理隔离阻止外来花粉干扰，在穗子抽出但未散粉前（花药未裂开时）用硫酸纸袋套住整个穗子，袋口用回形针或细绳扎紧，避免昆虫或风力传粉，待开花期结束后，再取下硫酸纸袋。自交种子单独收获、晾晒，标注“自交系”及世代信息。

（三）杂交方法

1. 整穗

杂交需要进行选穗整穗，根据计划确定的杂交组合，在母本圃（群体内）选择典型、健壮、无病虫害的植株，一般要求穗抽出叶鞘，上部小穗已开花。整穗时剪去顶部已开过的花和下部枝梗，一般只留 4～6 个枝梗，在留下的枝梗上去掉过密的小穗，只留 30～50 个无柄小穗即可。

2. 去雄

高粱为雌雄同花，进行杂交之前必须除去雄蕊。高粱去雄的方法有人工去雄、温汤杀雄和化学杀雄3种，应用最为广泛的是人工去雄，具体做法如下：去雄时间上午下午均可进行，但最好是下午去雄。去雄的时期要适时，过早去雄易损伤护颖，使护颖失去伸长的能力；过迟易镊破花药，不能保证去雄质量。所以在穗顶部开花后第二天去雄最好。去雄时用左手的小指、无名指和中指握住高粱穗和穗梗，拇指和食指捏住准备去雄的无柄小穗的护颖下部，右手拿镊子从小穗的侧面深入颖壳，轻轻挟出三个雄蕊（或者用针拨出三个雄蕊），必要时用剪刀剪去小穗顶部。切忌损伤雌蕊柱头或子房，或遗留下雄蕊。在疏穗时一定剪掉有柄小穗，只留无柄小穗。这样取一个枝梗上的小穗由上往下去雄，一个小穗、一个小穗、一个枝梗、一个枝梗地全部去完雄为止。去雄完毕，即刻套袋隔离，套上的纸袋要折叠住，用回形针别住或用订书机钉住，在去雄穗下面的茎秆上挂上纸牌，纸牌上注明母本品种的名称或者行号、去雄日期、操作者姓名。

3. 授粉

在去雄后第2～3 d内，去雄的母本全部开花，柱头已伸出颖外，可进行授粉工作。授粉时间可在7:00—10:00时，此时花粉生活力最强。授粉前一天将父本穗套袋隔离；采集花粉时，令父本植株倾斜弯曲，让纸袋稍向下倾斜，用手轻轻抖动穗部，拿下曲别针，摘下纸袋。然后取下母本穗上的隔离纸袋，迅速将父本花粉袋套在母本穗上，轻弹纸袋，使父本袋内花粉有更多机会落在母本柱头上。纸袋口用曲别针别住或用订书机钉住。在纸牌上写明父本名称或行号，授粉日期，操作者姓名。

4. 管理及收获

授粉后10～5 d，去雄穗、母本对照穗及父本穗籽粒开始灌浆后，需摘去纸袋，换上纱网袋，以免发霉，并可以防止鸟害。授粉后50d左右，在进入蜡熟末期时进行收获。收获后单独晾晒、单独脱粒，用种子袋装好备用。

四、 实训步骤方法

（1）观察高粱花器构造和开花习性。

（2）选择需要进行自交和杂交的植株。

（3）每个学生进行自交3穗，杂交去雄50个小穗。

（4）每个同学进行取粉和授粉操作，成熟时检查结实情况。

五、 考核标准及配分

本技能满分100分，合格标准要求达到80分。

（1）植株选择正确合理，20分。

（2）自交方法正确，操作规范，10 分。

（3）杂交程序正确，操作科学规范，无重大失误，30 分。

（4）杂交结实率高，40 分。

六、 作业

完成一份酿酒高粱花器构造和开花习性观察、自交和杂交实训报告。

综合实训五　酿酒高粱矮化性状的回交选育

一、 实训目的

通过参观和练习，使学生了解酿酒高粱矮化性状回交选育的全过程，掌握回交育种的原理和主要环节。

二、 实训场所、 用具及材料

（1）训练场所：试验农场。

（2）用具及材料：酿酒高粱常规种宜糯红 4 号，含 *DW*1、*DW*2 和 *DW*3 矮化基因的种质资源 DW，以及其杂交 F_1、BC_1、BC_2 和 BC_3。卷尺、羊皮纸袋、剪刀、尖头镊子、酒精盒、脱脂棉花、70％酒精、曲别针、订书机等。

三、 实训内容

（一）高粱回交育种的应用

Richey（1927）采用回复授粉（back pollinating）的术语。尽管长期以来就知道回交育种方法，但直到 20 世纪 20 年代以后才把回交育种法用于品种改良上，而且应用的范围越来越广泛。从高粱改良的历史看，回交育种至少在 4 个方面得到了应用。

1. 改造 1～2 个性状有缺点的品种

例如，某个高粱品种，籽粒产量、品质性状、抗性和适应性性状等都表现很好，但生育期较长。为了改良生育期长的缺点，采取回交育种法，选用一个早熟的品种与该品种杂交，然后在杂种一代群体里选择生育期短的、较早熟的单株与该品种回交。在回交后代中继续选择适宜生育期的单株与该品种回交，连续回交 4～5 次，当入选的后代生育期已经适中，其他性状与该品种一致时，那么这个品种就是新回交育成的品种。

2. 改良品种的抗病性状或抗虫性状

由于高粱病虫害越来越严重，抗病、抗虫性状日益受到育种家的重视，而且随着高粱病原菌生理小种的分化和品种抗病性的迅速丧失日趋严重，应用回交法解决这一问题越来越广泛。例如，澳大利亚在当地的一种野生高粱中发现有抗摇蚊的基因，为了使当地高粱品种具有抗摇蚊的性状，采取了回交法。

3. 回交在外来种质渐渗方面的应用

外来的一些种质资源，包括一些野生资源，常常带有当地品种所不具有的一些优良性状，包括品质性状、抗性性状等。因此，可以通过回交法，基因渐渗的方式，把外来种质资源优良性状基因渐渗到当地品种中去。

4. 通过回交法，选育高粱雄性不育系

经过多代回交，可获得遗传稳定的雄性不育系（A 系），其细胞质不育基因与保持系（B 系）的核基因完全匹配。

（二）酿酒高粱回交性状的选择

回交育种法是要改良轮回亲本的一两个性状，需选择一个适当的轮回亲本，即轮回亲本在绝大多数性状上应是符合要求的，只有个别性状需要改良。相反，非轮回亲本必须具有轮回亲本所缺少的优良性状，而其他性状则不必作为重要标志。但是，鉴于在回交过程中这种被转移的性状（基因）由于鉴定条件不具备或在新的遗传背景下修饰基因的影响，其表型强度常常有所削弱，因此在选择非轮回亲本时，对需要的目的性状应具有充分的表型强度，其遗传力要高。所选材料的高粱矮化性状一方面是 3 个基因聚合的数量性状，另一方面遗传力也较强，是酿酒高粱回交选育实训的优选性状。

（三）酿酒高粱矮化性状回交选育和鉴定

在练习高粱杂交方法的基础上由教师带领观察酿酒高粱亲本宜糯红 4 号、DW、杂交 F_1、BC_1、BC_2 和 BC_3 植株，这些植株可由上届学生实训材料产生。

（1）表型鉴定。对酿酒高粱亲本宜糯红 4 号、DW、杂交 F_1、BC_1、BC_2 和 BC_3 植株的株高、穗部性状进行表型鉴定，方法参照本章综合实训六。

（2）三矮基因的分子鉴定。提取亲本及不同世代部分植株的基因组总 DNA，通过 PCR 鉴定不同株高植株的矮化基因 *DW*1（引物为 F：TCTTCCCACAACACAATGA，R：GAGTTACTGAAGCTGGTGAG）、矮化基因 *DW*2（引物为 F：GTGATGCCGGTTCT-TGAC，R：CAACTCCCTCTGATGACTTG）和矮化基因 *DW*3（引物为 F：CCGT-CATCGTCCAGAACTCG，R：CTTGAGCAGGTGCGAGTGCGA）的等位基因组合情况。

（3）比较相同世代不同三矮基因组合的株高和穗部性状表型，明确矮化基因的遗传效应；比较不同世代相同矮化基因组合的株高性状和穗部性状表型，明确回交选育成效。

（4）参照本章综合实训四对亲本进行杂交以及对不同世代进行回交，适时管理和收获，为下一年度实训提供实训材料。

表 3-5　不同世代不同植株的矮化基因型及表型数据

植株编号	世代	*DW*1	*DW*2	*DW*3	株高	穗长	穗宽	穗重	穗粒重	百粒重
1	P_1									
2	P_2									
3	F_1									
4	BC_1									
5	……									

四、 实训步骤方法

（1）在教师的指导下了解回交选育的应用和程序；

（2）观察比较酿酒高粱矮化性状不同回交世代植株与亲本的特征特性；

（3）鉴定不同回交世代的矮化植株的基因型；

（4）对不同回交世代材料进行操作和管理。

五、 考核标准及配分

本技能满分 100 分，合格标准要求达到 80 分。

（1）掌握回交选育的应用和程序，20 分；

（2）明确不同回交世代的特征特性，30 分；

（3）熟悉基因型鉴定的方法，20 分；

（4）掌握回交材料的选择和操作管理等，30 分。

六、 作业

结合参观和操作，用文字和图示讨论选育矮化酿酒高粱材料的方法和过程。

综合实训六 酿酒高粱试验性状调查

一、 实训目的

了解酿酒高粱育种试验中性状调查的意义，酿酒高粱试验性状调查标准及方法，为全面评价和选择育种提供依据。

二、 实训场所、 用具及材料

（1）训练场所：试验农场。

（2）用具及材料：卷尺、放大镜、记录本、标牌、铅笔、计算器等。

三、 实训内容

（一）调查方法

（1）田间调查记载。通过实地观察和测量，记录酿酒高粱在不同生长阶段的表现。

（2）室内考种分析。对收获后的酿酒高粱进行详细的室内分析，包括农艺性状、产量性状等。

（二）调查项目标准及方法

1. 物候期

（1）播种期。高粱播种当天的日期，记为 YYYYMMDD，下同。

（2）出苗期。全区内 50%植株幼苗露出地面时的日期。

（3）苗势。幼苗健壮程度，分强、中、弱三级。

（4）抽穗期。小区内 50%植株的全穗 2/3 露出旗叶鞘的日期。

（5）出苗—抽穗天数。从出苗至抽穗期的天数。单位为 d，精确到整数位。

（6）开花期。小区内 50%植株开花的日期。

（7）成熟期。小区内 50%的穗下部籽粒达蜡状硬度的日期。

（8）收获期。田间收获的日期。

（9）生育期。种质出苗翌日至成熟期的天数。单位为 d，精确到整数位。

2. 农艺经济性状

（1）芽鞘色。田间幼芽出土 2～3 d 时芽鞘的颜色。分为白色、绿色、紫色。

（2）幼苗叶色。3～5 叶期时，幼苗已展开叶片颜色。分为绿色、红色、紫色。

（3）茎秆颜色。成熟期高粱茎秆的颜色，分为黄色、绿色、紫色。

（4）主脉色。开花期植株中上部叶片中脉的实际颜色。分为白色、浅黄色、黄色、绿色。

（5）芒性。开花期，籽粒颖壳顶端芒的有无。分为有芒、无芒。

（6）颖壳质地。开花时颖壳的质地。分为：

——软壳（颖壳质地软，不带光泽，上有绿色条纹，呈纸质状）；

——硬壳（颖壳质地硬，有光泽，呈革质状）。

（7）柱头颜色。开花期，植株主穗中部颖花雌蕊柱头的颜色。分为白色、黄色、紫红色。

（8）花药颜色。开花期，植株主穗中部颖花花药的颜色。分为乳白色、浅黄色、黄色、褐色。

（9）株型。抽穗后目测，分平展、半紧凑、紧凑型记载。

（10）株高。成熟期，自地面至植株最高处的距离。随机取小区内生育正常的 10 株求其平均值，单位为 cm，精确到 0.1 cm。

（11）茎粗。成熟期，植株茎秆中部节间（不包括叶鞘）的直径。随机取 10 株求其平均值，单位为 cm，精确到 0.1 cm。

（12）主穗柄长度。成熟期，自茎秆上端茎节处至主穗的穗下叶痕处的长度。随机取 10 株求其平均值，单位为 cm，精确到 0.1 cm。

（13）主穗柄直径。成熟期，主穗柄中部的直径。随机取 10 株求其平均值，单位为 cm，精确到 0.1 cm。

（14）穗柄伸出状态。主穗柄（主穗的穗下节间）伸出叶鞘的程度与状态。以整个小区的所有植株为观测对象，乳熟期调查，以大多数主穗柄的伸出状态为准。

——长（旗叶叶舌与穗基之间长度为 10 cm 以上）；

——中（旗叶叶舌与穗基之间长度为 2～10 cm）；

——短（旗叶叶舌与穗基之间长度少于 2 cm）；

——侧裂（穗子位于旗叶叶舌之下，从侧面裂开的旗叶叶鞘中伸出）；

——缩穗（穗基部被旗叶叶鞘包被）。

（15）穗型。成熟期，穗部枝梗的长短和籽粒着生的紧密程度。分为：

——紧（枝梗紧密，手握有硬粒感觉）；

——中紧（枝梗紧密，手握无硬粒感觉）；

——中散（枝梗不紧密，较短，侧面观察时透光）；

——侧散（枝梗不紧密，较长，向同一方向稀疏下垂）；

——周散（枝梗不紧密，较长，向四周稀疏垂散）。

（16）穗形。成熟期穗的实际形状。分为纺锤形、牛心形、圆筒形、棒形、杯形、球形、伞形、帚形（包括短主轴帚形和无主轴帚形）。

（17）主穗长度。成熟期，主穗的穗下叶痕处至穗顶的长度。随机取 10 株求其平均值，单位为 cm，精确到 0.1 cm。

（18）一级枝梗长。成熟期，全穗基部往上 2/3 处一级枝梗的长度。单位为 cm，精确到 0.1 cm。

（19）颖壳色。成熟期，占籽粒颖壳面积多的颜色。分为红色、褐色、紫色、黑色、白色、黄色、灰色。

（20）颖壳包被度。成熟期，颖壳包被籽粒的程度。分为：

——籽粒裸露（颖壳包被籽粒不足 1/4）；

——包被 1/4（颖壳包被籽粒（1/4）～（1/2））；

——包被 1/2（颖壳包被籽粒（1/2）～（3/4））；

——包被 3/4（颖壳包被籽粒 3/4 以上）。

（21）着壳率。脱粒后随机取 1 000 个成熟籽粒的带壳百分率。分为：

——不带壳（带壳籽粒小于 1%）；

——部分带壳（带壳籽粒在 1%～4%）；

——中等带壳（带壳籽粒在 4%～8%）；

——大部分带壳（带壳籽粒在 8%～80%）；

——全带壳（带壳籽粒在 80%以上）。

（22）粒色。成熟后籽粒脱壳后的实际颜色。分为橙色、红色、褐色、黑色、浅黄色、黄色、白色、灰白色。

（23）粒形。成熟后脱壳籽粒的形状。分为圆形、椭圆形、卵形、长圆形。

（24）籽粒饱满度。成熟籽粒的饱满程度。分为饱满、凹陷。

（25）单穗粒重。成熟后主穗晾干脱粒后的重量。随机取 10 株求平均值，单位为 g，精确到 0.1 g。

（26）千粒重。随机取 1 000 粒完整成熟籽粒晾干后的重量。3 次重复，取平均值。单位为 g，精确到 0.1 g。

（27）胚乳颜色。籽粒横切面上胚乳实际的颜色。分为白色、黄色。

（28）胚乳类型。籽粒胚乳的粳糯性，分为粳性、糯性。

（29）角质率。籽粒纵切面角质胚乳所占比率。随机取 10 粒种子进行观察，以%表示。分为：

——角质（角质胚乳占 90%以上）；

——偏角质（角质胚乳占 70%～90%）；

——半角质（角质胚乳占 40%～70%）；

——偏粉质（角质胚乳占 20%～40%）；

——粉质（角质胚乳占 20%以下）。

3. 抗性性状

（1）倒折率。成熟期，高粱茎秆倾斜植株占小区总数的比例，以%表示。

（2）倒伏率。成熟期，倒伏倾斜度大于 45 度作为倒伏指标，以%表示。

（3）按照《高粱种质资源描述规范和数据标准》，调查抗旱性、炭疽病、丝黑穗病、大斑病、高粱茎腐病、高粱粒霉病、高粱蚜虫抗性、高粱螟抗性、抗倒伏性，根据病级分级标准进行记载。

四、 实训步骤方法

（1）掌握酿酒高粱试验调查项目的标准。由指导老师放映高粱调查标准的实物幻灯片，让同学识别。

（2）选择调查点和确定调查时间。在选定的酿酒高粱试验田中，采用对角线五点法取样，每个样点 1～2 m，按田间调查项目要求定点调查。在播种后，每 3～4 d 调查测量一次，认真记载各调查项目，收获后，对穗部性状如穗长、一级枝梗长、穗粒重、穗重、百粒重等进行考察。

五、 考核标准及配分

本技能满分 100 分，合格标准要求达到 80 分。

（1）各调查项目标准掌握准确，20 分。

（2）全程参与调查，40 分。

（3）调查项目齐全，结果准确，40 分。

六、 作业

各组选择 2 个试验材料，记录酿酒高粱试验性状，并撰写实训报告。

综合实训七　酿酒高粱抗炭疽病材料的鉴定

一、 实训目的

使学生掌握酿酒高粱炭疽病的识别、接种和鉴定方法，为酿酒高粱的抗炭疽病育种提供参考依据。

二、 实训场所、 用具及材料

（1）训练场所：实训室及实训农场。

（2）用具及材料：高粱炭疽病强致病菌株，马铃薯葡萄糖琼胶（*PDA*）培养基，*PSB* 培养基，三角瓶、试管、镊子、纱布、摇床等。

三、 实训内容

（一）酿酒高粱抗炭疽病育种重要性

炭疽病是世界性的植物病害，是限制世界范围内高粱及其相关产业发展的主要病害，尤其是在炎热和潮湿地区，发病程度呈逐年加重趋势。比如在川南，高粱炭疽病曾一直被认为是次要病害，未见有造成严重损失的报道，但近年来，该病害在四川、云南、贵州、甘肃等省区发生严重，局部地区感病品种几乎绝收，现已成为中国高粱生产上的主要病害。

现阶段对高粱炭疽病的主要防治方式是药剂防治和实行轮作。采用药剂防治中，用质量分数为 50％的多菌灵 800 倍液或 25％的炭特灵粉剂 500 倍液进行防治，具有较好的防治效果，但是长期使用化学药剂会对环境造成诸多危害，也不符合名优白酒对酿造原料的要求。此外，选用栽种蔬菜或绿肥等作物进行轮作，但轮作只能尽量减少土壤中的炭疽病菌数量，本身并不能阻止炭疽病在整个生产系统中蔓延。生产实践证明，种植抗性品种是防治高粱炭疽病的既经济又有效的措施，而抗病资源筛选是成功选育抗病品种的关键，因此，高抗炭疽病是高粱品种选育的重要育种目标。

（二）炭疽病的田间观察

炭疽病发生于高粱的各个生育阶段，危害叶片、叶鞘、茎基部和穗部。叶片和叶鞘症状最常见。叶片上产生近圆形、椭圆形小病斑，一般长 2～4 mm，宽 1～2 mm，病斑中部黄褐色，边缘紫红色、黄褐色或褐色。病斑上生出黑色的刺毛状小粒点，即病原菌的分生孢子盘。严重发生时，多数病斑汇合，致使叶片大片变褐枯死，密生黑色小粒点。病株多由下部叶片先发病，逐渐向上部叶片发展，严重时叶片逐层枯死。单个叶片，则多由叶片端部开始发病，向叶片基部扩展。叶鞘上病斑椭圆形至长形，红色、紫色或黑褐色，依品种而异，病斑上也产生多数刺毛状黑色小粒点。

在有些地区，炭疽病还造成苗枯、茎腐和穗腐。苗期发病可引起幼苗胚轴和叶片病变，严重的造成立枯和死苗。茎腐发生于近成熟期，茎基部节间初现水浸状变色，后形成中部红褐色、边缘紫红色的斑块，严重的茎基部开裂，茎秆内部也变色腐烂。病原菌还侵染穗颈、小穗梗和籽粒，使之腐烂变色。

一般根据炭疽病在田间的发病面积和分布，将炭疽病危害分为五个等级进行评估，分别为高抗（HR）、抗（R）、中抗（MR）、感（S）、高感（HS）。

表 3-6　高粱炭疽病鉴定评价标准

病情级别	抗性评价	病害症状描述
1	高抗（HR）	叶片有少量褪绿的小斑点，占叶面积 5%以下，病斑上无分生孢子盘
3	抗（R）	叶片有少量病斑，占叶面积 5.1%～20%，病斑上有零星分生孢子盘
5	中抗（MR）	叶片病斑较多，占叶面积 20.1%～40%，病斑上有分生孢子盘
7	感（S）	叶片病斑相连，占叶面积 40.1%～70%，病斑上有分生孢子盘
9	高感（HS）	叶片被病斑覆盖，占叶面积 70.1%以上，病斑上有分生孢子盘，整株叶片近于枯死

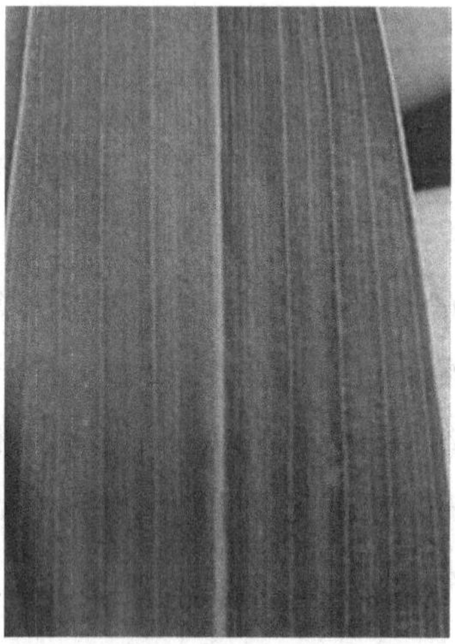

抗病高粱叶片

感病高粱叶片

图 3-2　田间高粱抗感炭疽病叶片

（三）酿酒高粱炭疽病接种菌株准备

使用实验室保存的强致病力菌株 G-3，该菌株采自宜宾田间自然发病的高粱炭疽病病叶，前期经形态学、分子生物学鉴定和致病力测定鉴定为强致病力菌株。

在超净工作台中，用灭菌后的镊子夹取少量菌丝体放在 *PDA* 培养基上活化，7 d 左右后加入少量灭菌蒸馏水，用接菌铲轻刮培养基表面，待菌丝刮完后，用两层纱布过滤菌丝液，制成孢子悬浮液；或者用灭菌后的镊子夹取少量菌丝体，置于马铃薯蔗糖培养基（*PSB*）中使用摇床进行培养，150 rpm，28℃下培养 2～3 d，用两层纱布过滤菌丝液，制成孢子悬浮液。孢子悬浮液调节为 1×10^5 个/mL，供接种用。

（四）高粱室内抗病性鉴定和观察

用已知高抗炭疽病材料和高感材料分别作为抗病和感病对照，其余接种材料为收集的种质资源材料或 EMS 诱变材料。高粱的室内栽培采用钵盆法，待植株长至 4～5 叶时，选择长势一致的叶片进行抗性鉴定。

采用室内孢子悬浮液接种法鉴定步骤如下：将制备好的浓度为 1×10^5 个/mL 的孢子悬浮液通过喷雾的方法均匀喷施于叶片表面进行接种，以喷无菌水的叶片为对照，接菌完成后将大小长势一致的高粱植株置于干净的接菌箱里，保持环境温度为 28℃，再喷施适量无菌水并覆上一层透明薄膜以保持箱内湿度，黑暗处理 2 d，之后 12 h 光/暗条件下 5 d，重复三次。观察并记录叶片发病情况，并进行拍照记录。

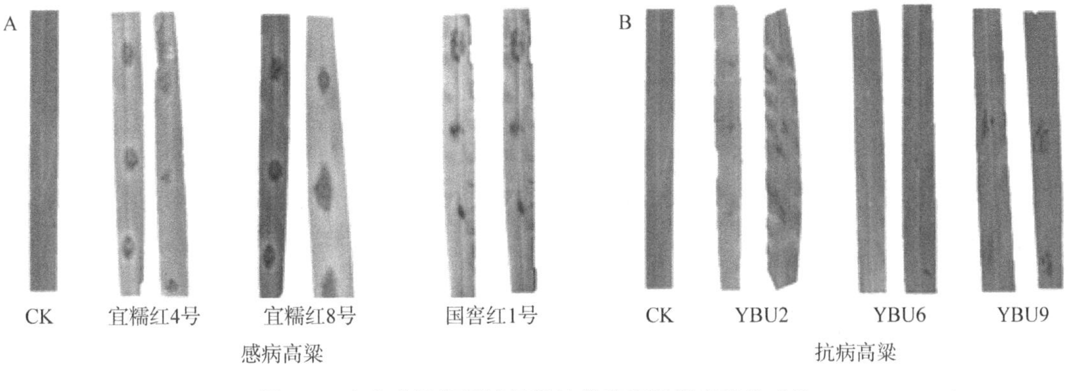

图 3-3 室内孢子悬浮液接种法鉴定高粱炭疽病抗感性

四、实训步骤方法

（1）了解酿酒高粱抗炭疽病育种重要性。

（2）了解炭疽病的致病菌株的分离。

（3）掌握炭疽病接种物的准备和接种方法。

（4）掌握炭疽病的识别和调查方法。

五、考核标准及配分

本技能满分100分，合格标准要求达到60分。

（1）了解酿酒高粱抗炭疽病育种重要性和炭疽病致病菌株的分离，20分。

（2）炭疽病接种物的准备和接种方法，40分。

（3）炭疽病的识别和调查方法，40分。

六、作业

完成酿酒高粱抗炭疽病的鉴定和分析实训报告，并分析如何将鉴定到的高抗炭疽病高粱材料应用于高粱育种实践中。

综合实训八　酿酒高粱推广品种的提纯复壮技术

一、实训目的

让学生了解酿酒高粱常规品种的提纯复壮重要意义，掌握酿酒高粱常规品种提纯复壮技术。

二、实训场所、用具及材料

（1）训练场所：实训室及实训农场。

（2）用具及材料：酿酒高粱待提纯复壮品种、米尺、电子天平、牛皮纸袋、曲别针、纸牌、铅笔等。

三、实训内容

（一）酿酒高粱种性退化原因

种性退化是生物界存在的一个普遍现象，是导致种性向低劣方向演化的自然规律。酿酒高粱种性退化原因主要有以下几点。

1. 种源的纯度不高

原种亲本是种子的源头，如果种源的纯度不高，其他生产环节再严紧，也无济于事。导致亲本种子纯度不够的原因有亲本生产体制混乱、基因纯合度不高、种性不稳定就过早投入繁殖应用。

2. 生物学混杂

高粱属于常异花授粉作物，花开放时间较长，柱头的授粉能力可维持数天，田间条件下，驯化高粱的异交率一般在5%～40%。因此，在高粱种子的繁育过程中，如果未采取有效的隔离措施，极易发生串粉，即导致不同高粱品种间发生天然杂交，使品种的纯度、典型性、产量、品质下降。

3. 机械混杂

机械混杂是种子生产过程中引起高粱种性退化的重要因素。在种子生产中造成机械混杂的机会很多，如播种、收获、运输、晒种、脱粒、储藏及种子加工等，其中任一环节管理不严都有可能造成机械混杂。

4. 不合理的选择与留种

在高粱种子的繁殖过程中，若未进行严格的选择和留种，繁殖田内去杂去劣不彻底，使杂株种子得以通过杂交或回交逐代扩大散粉，导致品种退化。有的虽然进行了选择，但并未掌握被选择品种在不同时期的特征特性，盲目地进行选择，同样会加速种性退化，比如高粱间苗时把表现有杂种优势的杂株认为壮苗选择留下来；选种时仅注意穗大、粒多、粒重，而对分蘖多少、植株高矮、抗病强弱很少考虑；在不适宜的自然环境条件下选择留种等，都可能导致不同程度的品种退化。

5. 杂合基因分离

根据纯系学说，自然界中，生物的遗传和变异是相对的，任何纯系的纯合都是相对的，而不是绝对的。常规品种的少部分基因很可能就处在杂合状态，此外，基因突变随时发生。随着繁种自然条件和栽培条件变化，以及基因突变的累积，纯种投入生产后，其杂合基因的分离效应和基因突变累积起来，使一些性状，特别是数量性状发生变异，当量变到一定程度时导致质变，品种就会变得不一致，由纯合向杂合转化，造成种性退化。

（二）整理提纯复壮标准

根据品种特性整理提纯复壮标准。如表3-7所示，宜糯红4号的提纯复壮标准为：苗期选择标准，幼苗生长较快，叶色绿色，芽鞘红色，无病，壮实。抽穗期选择标准，植株生长正常，健壮，抽穗整齐，穗大、无病。成熟期重点观测穗型穗状，选取侧散、穗大、穗重、无病的单株。室内籽粒性状观测时对穗部性状进行复选，重点观测种子性状，选取种子饱满、穗粒数多、单穗重大、千粒重18～20 g、籽粒红褐色且有光泽。室内品质分析时总淀粉含量在77.12%左右，支链淀粉占比98.66%左右，单宁含量1.31%左右。

表 3-7 宜糯红 4 号整理选择鉴定标准

田间选择	苗期	幼苗生长较快，叶色绿色，芽鞘红色，无病，壮实
	抽穗期	植株生长正常，健壮，抽穗整齐，穗大、无病
	成熟期	重点观测穗型穗状，选取侧散、穗大、穗重、无病的单株
室内选择	性状观察	对穗部性状进行复选，重点观测种子性状，选取籽粒饱满、穗粒数多、单穗重大、千粒重 18～20 g、籽粒红褐色且有光泽的种子
	品质分析	总淀粉含量 77.12%，支链淀粉占比 98.66%，单宁含量 1.31%左右

(三) 酿酒高粱品种的提纯复壮过程

本实训采取循回整理法，鉴定采取双向鉴定法。

(1) 第一年，在良种繁殖田内选择具有本品种特征特性、生长良好、无病的优良单株 100 株左右，并挂牌作出标记，开花时套上纸袋进行自交，适时管理。收获后进行室内性状观测和品质分析选择，满足本品种品质特性和种子外观特性的单株入选，对入选单株进行编号保存。

(2) 第二年，采用双向鉴定法。将上年入选的单株编号，一是株行鉴定：将入选单株各取 20g 种子种于试验地，进行株行比较（系统观察）；二是隔离鉴定：取株行鉴定后剩余种子按单株育苗进行苗期比较，再将苗期比较后入选株系分株系移栽至隔离区，每个株系种植 2 行，总计 100 株，继续比较观察。株行鉴定和隔离鉴定中发生分离的穗行淘汰，留下未分离的符合本品种特征特性的典型株行。待成熟收获后，分株系进行室内种子性状观察和品质分析，最终入选的穗行混合留种，可作原种繁殖。

(3) 第三年，为了使原种保持更高的纯度和种性，可在上一年入选穗行中再次选择优良单株进行双向鉴定，双向鉴定后经室内种子性状观察和品质分析，入选穗行混合留种，可作高级原种繁殖。

四、 实训步骤方法

(1) 了解酿酒高粱种性退化原因。

(2) 根据品种审定、文献及指导老师指导确定提纯复壮整理标准。

(3) 在实训农场和实训室，学生全程参与高粱品种的双向鉴定和室内鉴定。

五、 考核标准及配分

本技能满分 100 分，合格标准要求达到 80 分。

(1) 了解酿酒高粱种性退化原因，20 分。

(2) 确定提纯复壮整理标准，20 分。

(3) 提纯复壮技术操作规范，生产的原种质量高，60 分。

六、 作业

完成酿酒高粱品种的提纯复壮实训报告。

第四章　酿酒高粱栽培技术实训

综合实训一　高粱不同类型的识别

一、实训目的

（1）熟悉高粱不同类型的形态、生理等特征，学会根据观察高粱的形态特征来鉴别不同的品种。

（2）了解高粱不同类型之间的差异特性，明白各个高粱类型的优势和用途。

二、实训场所、用具及材料

（1）实训场所：试验农田和实验室。

（2）用具及材料：便携式糖分测定仪、塔尺、铁尺、记号笔、标签、记录表、不同类型的酿酒高粱植株材料等。

三、实训内容

高粱的不同类型。

（一）根据穗型构造分类

1. 散穗高粱

（1）下垂散穗型。穗轴侧枝细长疏散，呈放射状展开，穗形松散如伞状。穗自然下垂。

（2）直立散穗型。穗轴侧枝较短，疏散程度较低，穗形呈松散的长筒状，穗直立或微微倾斜，穗尖朝上。

2. 密穗高粱

（1）穗柄直立型。穗轴分枝短而密集，籽粒排列紧密，穗形呈紧凑的圆柱状或圆锥状，穗柄直立。

（2）穗柄向下弯曲型。穗轴分枝密集程度适中，籽粒排列较紧密，穗柄中部弯曲，穗子略微下垂。

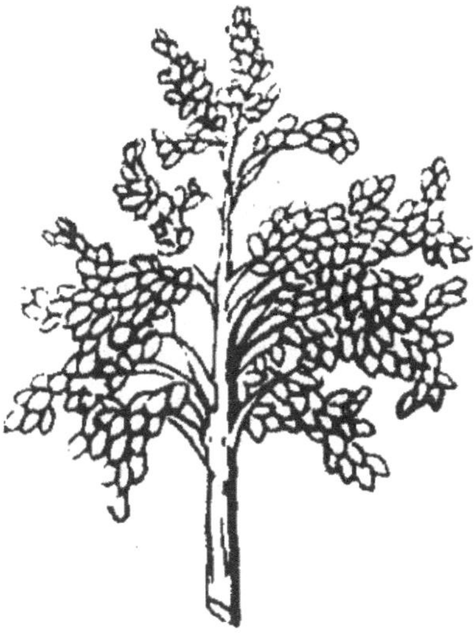

（A）直立散穗型

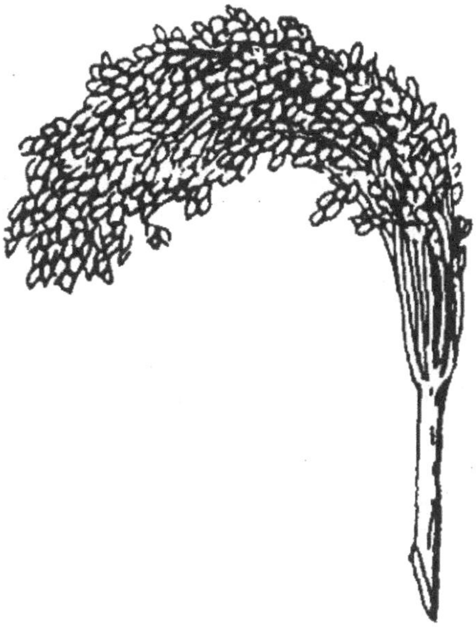

（B）下垂散穗型

（C）穗柄直立紧穗型

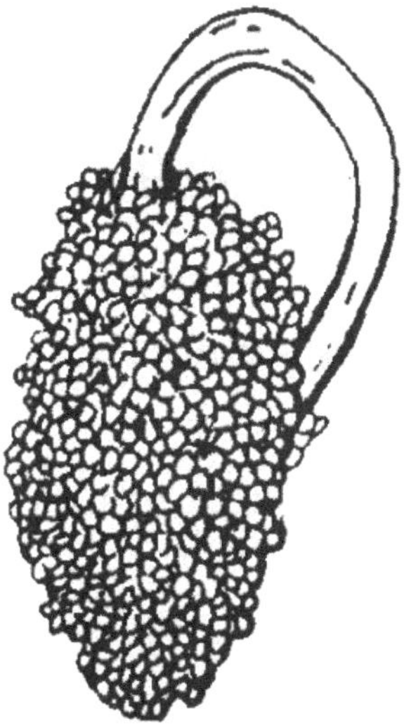

（D）穗柄弯曲紧穗型

图 4-1 酿酒高粱穗型种类

（二）根据栽培目的和用途分类

（1）粒用高粱。穗密而短，分蘖弱，籽粒裸露而大，易脱粒，品质优良。株高通常在1.5～2 m，茎秆粗壮直立，节间较短，籽粒饱满，种皮光滑，穗长为15～25 cm。

（2）糖用高粱。多为直散穗，茎内含汁液和糖分，随籽粒成熟，茎秆内汁液转化为糖分，分蘖强，叶脉蜡质，节间长，籽粒小，有光泽，品质不佳，茎秆可供生食，制糖或酿酒。株高在 2～3 m，节间长，种皮厚，出米率低。

(3) 帚用高粱。穗形长而大，侧枝发达而长，一般无主轴或有极短的主轴，侧枝很坚硬，结实不多，脱粒去壳较困难，茎秆高大，髓部干燥无甜味，株高通常在 2.5～3.5 m，穗较长，主轴极短，结实率低，颗粒小且壳厚，脱粒困难，收获做扫帚。

(4) 饲用高粱。株高通常在 1.2～2 m，籽粒皱缩干瘪，穗小，籽粒品质差，分蘖力强，茎秆细弱中空，生长势旺盛，做青饲、青贮、干草和放牧用。

(5) 兼用高粱。植株性状与糖用高粱相同，株高一般在 1.8～2.5 m，穗型较紧，籽粒裸露易脱粒，品质较佳，籽粒可供食用，茎秆含糖分多，可做饲用，制糖。

四、 实训步骤方法

(1) 在高粱成熟期观察记录各个植株的穗型、籽粒颜色、颖壳包被度。

(2) 用塔尺测量不同类型高粱品种的高度，铁尺测量不同高粱穗长和第一枝梗长，便携式糖分测量仪测定高粱茎秆糖分含量，每个品种随机测定 5 株，并记录数据计算平均值。

(3) 绘制表格，对比各个品种在株高、第一枝梗长等方面的差异。

五、 考核标准及配分

本技能满分 100 分，合格标准要求达到 80 分。

(1) 形态特征观察的准确性：20 分。要求对各品种植株穗型、籽粒饱满程度、颜色等性状描述清晰准确。

(2) 实验操作的规范性：20 分。在实验过程中正确使用工具，规范按照操作步骤进行实验。

(3) 品种的鉴别正确：30 分。能根据不同品种的形态特征正确分辨出高粱植株的品种，并知道它们之间的差异。

(4) 数据分析与讨论：30 分。根据学生整理的数据的准确性与真实性以及对各个品种的差异进行的归纳总结进行评分。

六、 作业

完成一份不同高粱类型的识别的实训报告。

综合实训二　不同酿酒高粱发芽率的测定

一、实训目的

（1）通过对比相同条件下的不同酿酒高粱种子的发芽率，筛选出发芽潜力更大的优质品种。

（2）熟悉并掌握测定种子发芽率的方法。

二、实训场所、用具及材料

（1）实训场所：实验室。

（2）用具及材料：不同品种的酿酒高粱种子、培养皿、滤纸、蒸馏水、酒精、恒温培养箱、记号笔等。

三、实训内容

1. 准备工作

种子预处理。随机选取一定数量（通常每个品种 300 粒）不同酿酒高粱品种的种子，去除杂质、破损粒和霉变粒。将每个品种的种子均分，分成 3 个重复组。

器具准备。将培养皿洗净、烘干，在培养皿底部铺上两层滤纸，用喷壶将滤纸喷湿，使滤纸保持湿润但不积水。

2. 种子摆放与培养

种子摆放。用镊子将预处理后的酿酒高粱种子均匀摆放在铺有滤纸的培养皿内，每个培养皿放置 100 粒种子，尽量使种子不相互接触。

培养条件设置。置于人工气候培养室，昼/夜温度为 28℃/25℃，湿度为 60%，光照/黑暗时间为 12 h/12 h。

3. 发芽情况观察与记录

定期观察。从放入培养箱开始，每天定时观察种子发芽情况，记录发芽种子数。以胚根突破种皮长度达种子长度的 1/2 作为发芽标准。

记录数据。第 3 d 统计发芽势，第 6 d 统计发芽率。

$$发芽势=3\ d后发芽种子数/种子总数\times 100\%$$

$$发芽率=6\ d后发芽种子数/种子总数\times 100\%$$

四、实训步骤方法

(1) 每个小组选取已经预处理过的各个品种的酿酒高粱种子各 300 粒和每个品种 3 套培养皿；

(2) 将各个品种的种子均匀地摆放在各个培养皿中，每个培养皿摆放 100 粒种子，并将每个培养皿标记上相应的品种和编号；

(3) 将培养皿全部放入已调节好的恒温培养箱中；

(4) 每天定期观察种子发芽情况，并记录每个培养皿的发芽数，持续观察 7 d 直至种子不再发芽；

(5) 计算发芽势和发芽率。

五、考核标准及配分

本技能满分 100 分，合格标准要求达到 80 分。

(1) 操作规范。40 分。包括种子预处理、器具使用、培养条件设置等操作规范、准确。

(2) 数据记录准确完整。30 分。要求发芽情况观察记录及时、准确，无遗漏。

(3) 数据分析合理。30 分。能够正确计算发芽率，合理分析不同品种间发芽率差异。

六、作业

完成一份不同酿酒高粱品种发芽率测定的实训报告，内容涵盖实训目的、材料与方法、观察记录数据、结果分析等。

综合实训三　酿酒高粱漂浮育苗方法

一、实训目的

使学生掌握酿酒高粱漂浮育苗技术的原理，熟悉酿酒高粱漂浮育苗操作流程，提升学生实践技能，培养科研素养和解决实际问题的能力。

二、实训场所、用具及材料

(1) 训练场所：教学试验农场。

(2) 用具及材料：锄头、聚氯乙烯无滴膜、可弯折的管材、育苗土、复合肥、酿酒高粱种子。选用聚苯乙烯塑料泡沫制成的育苗盘，要求质地轻、耐水泡、耐腐蚀，有一定的机械强度，承载吸湿的基质和高粱苗能够漂浮于水面上。漂浮盘规格外尺寸 540 mm×343 mm×58 mm，单孔尺寸长宽为 27 mm、深 50 mm，孔间距 5 mm。每盘 160 孔穴。

(3) 实训方法：保温棚的制作、搭建育苗池，育苗土装盘、酿酒高粱播种、苗期管理。

三、 实训内容

1. 育苗设施的搭建

选择合适的苗床地，根据漂浮育苗盘的规格和移栽面积搭建漂浮育苗池。

2. 播种及苗床管理

营养土装盘、酿酒高粱播种以及苗床管理，准确记录播种期、出苗期和移栽时期。

四、 实训步骤

1. 苗床地的选择

选择农场内避风向阳，交通方便，靠近水源的地块作为苗床地；要求地势平坦，地下水位低，地温回升快；不宜选择风口、山脚、地下水位高处的菜地或发病田作为苗床地。

2. 搭建育苗池

按移栽 2 亩地建 1 个育苗池，长 6 m、宽 1.5 m、深 0.2 m，用锄头将池底床土整平不凹陷，内铺垫 0.18 mm（18 丝）聚氯乙烯塑料薄膜。

3. 育苗池灌清洁水

水层深 8 cm，每平方米水体加 45%三元复合肥（N∶P_2O_5∶K_2O 为 15∶15∶15）160 g 配成 500 倍的营养液。

4. 营养土装盘

用育苗基质或自行配制好的营养土装满育苗盘孔穴，压实育苗基质或营养土至 2/3 孔穴处，播种后再覆盖基质或营养土，确保孔穴内基质或营养土充实，不架空、松紧适度。

5. 酿酒高粱播种

酿酒高粱漂浮育苗应比当地常规育苗播种期推迟 3～5 d，3 月下旬至 4 月上旬移栽的，应在移栽前 25 d 播种；4 月中下旬移栽的，应在移栽前 20 d 播种；5 月上中旬移栽的，应在移栽前 15 d 播种。种子播种前按每 1 kg 酿酒高粱种用高粱种衣剂 10 mL 加清水 20～30 mL拌种阴干后待播。每个孔穴内播 2～3 粒，播完后再用基质（或营养土）填满孔穴后刮去多余基质（或营养土），露出育苗盘方格，然后将育苗盘放入育苗营养池内自然漂浮于营养液面。

6. 拱膜覆盖

播种后用竹签拱棚覆盖，拱棚膜厚度 0.02～0.03 mm（2～3 丝），拱棚膜边封严扎实，以利增温、保温、保湿。

7. 苗床管理

漂浮育苗棚内的温度应控制在 20℃～28℃（棚内应挂上温度计），温度过低或过高均会影响出苗和生长。酿酒高粱苗出土后，棚内温度若超过 28℃，及时打开两头或揭开四周膜通风降温，17 时以后及时关闭棚膜保温。

当酿酒高粱苗达 3 叶时适时打开棚膜开始炼苗，以提高秧苗素质。秧苗苗龄 4～5 叶时选择阴天或降雨前后带基质（或营养土）移栽。

五、 考核标准及配分

本技能满分 100 分，合格标准要求达到 80 分。

操作规范：70 分。包括苗床地选择、器具使用、育苗池搭建、育苗池灌清洁水、营养土装盘、酿酒高粱播种、拱膜覆盖、苗床管理等操作规范正确。

数据记录准确完整：30 分。准确记录播种期、出苗期和移栽时期。

六、 作业

完成一份酿酒高粱漂浮育苗实训报告，内容涵盖实训目的、材料与方法、观察记录数据、结果分析等。

综合实训四　酿酒高粱幼苗的移栽

一、 实训目的

使学生了解酿酒高粱幼苗的移栽规格，掌握酿酒高粱的移栽技术和移栽后的查苗补苗管理。

二、 实训场所、 用具及材料

(1) 训练场所：试验农场。

(2) 用具及材料：皮尺、锄头、铁锹、水桶、手套、复合肥料、酿酒高粱幼苗。

三、 实训内容

1. 酿酒高粱幼苗移栽苗龄确认

育秧盘育苗、漂浮育苗3～4 叶期移栽，撒播育苗 5～6 叶期移栽。

2. 酿酒高粱移栽

根据净作或间套作确定酿酒高粱移栽的密度。

3. 移栽后的管理

明确酿酒高粱移栽后的管理方法。

四、 实训步骤方法

1. 酿酒高粱幼苗移栽苗龄确认

通过翻阅播种记录表和前期的苗床管理记录，确认苗龄。在育秧盘育苗、漂浮育苗3～4 叶期移栽，撒播育苗 5～6 叶期移栽。

移栽时间宜在晴天傍晚或阴天进行移栽，避免阳光直射导致幼苗失水过多，有利于幼苗适应新环境。移栽后有 2～3 d 的缓苗期，其间幼苗生长缓慢，需注意保持土壤湿润，适当施肥，促进根系生长和幼苗恢复。

2. 酿酒高粱移栽

酿酒高粱移栽是高产栽培的关键环节，主要采用宽窄行、等行距或分厢带状移栽方式。其中宽窄行栽培兼具通风透光与群体优势，等行距便于机械化作业，分厢带状（2 m 开厢，带内套作）则利于间作套种。种植密度需严格遵循品种特性：杂交品种净作 8 000～9 000 株/667 m^2，间（套）作 6 000～7 000 株/667 m^2。常规品种净作 6 500～7 500株/667 m^2，间（套）作 5 500～6 000 株/667 m^2。

育苗方式直接影响移栽质量，采用育秧盘或漂浮育苗的秧苗必须带土移栽，要求土坨直径≥3 cm 以保护根系。定植操作需选择阴天或晴日下午 4 时后进行，合理确定移栽深度，确保根茎部低于地表 1 cm。栽后立即浇灌定根水，每株浇水量不少于 500 mL，并同步实施药剂防治，可用 3%辛硫磷颗粒剂拌土撒施防治蛴螬、地老虎等地下害虫，确保全苗壮苗。移栽后 7 d 内需每日巡查，及时补栽缺苗并中耕松土，促进早发快长。

3. 移栽后的管理

移栽成活后的酿酒高粱苗在田间管理阶段，需及时开展人工匀苗、间苗、补苗以及除草处理工作。人工匀苗能确保每株酿酒高粱苗有适宜的生长空间，避免因过密而相互竞争养分；间苗则是去除弱苗、病苗，留下健壮植株，提高整体生长质量。若发现缺苗情况，尽快进行补苗，保证种植密度均匀，每穴应保留或补足2株壮苗。同时，及时清除田间杂草，减少杂草与酿酒高粱苗争夺水分、养分和光照，为酿酒高粱苗的健康生长创造良好条件。

移栽后5～7 d后施用苗肥，施用尿素5～7 kg/667 m^2 或碳铵15～20 kg/667 m^2，腐熟农家肥1 000～1 500 kg/667 m^2，浅中耕除草覆土。

五、 考核标准及配分

本技能满分100分，合格标准要求达到80分。

（1）能准确判断酿酒高粱苗龄，20分。

（2）能根据酿酒高粱移栽密度确定合适的株行距，20分。

（3）酿酒高粱移栽方法规范，40分。

（4）酿酒高粱幼苗成活率高，能及时进行酿酒高粱移栽后的管理，20分。

六、 作业

完成一份酿酒高粱幼苗移栽实训报告。

综合实训五　酿酒高粱生育时期判定

一、 实训目的

掌握酿酒高粱生育时期的划分标准及形态特征。酿酒高粱的生育周期可分为营养生长阶段和生殖生长阶段，依据植株外部形态特征（如播种、出苗、抽穗、开花、成熟等）划分生育时期。不同生育时期对环境条件和栽培措施的需求不同，准确判定有助于优化田间管理。

二、 实训场所、 用具及材料

（1）训练场所：试验农场。

（2）用具及材料：田间种植生育期不同的酿酒高粱品种10个，记录本、铅笔、相机。

三、 实训内容

（1）酿酒高粱的生育时期通常分为以下几个阶段：

①播种期：酿酒高粱种质资源播种当天的日期，记为________年________月________日。

②出苗期：50%植株幼苗露出地面 2 cm 以上时的日期。

③抽穗期：50%植株的全穗 2/3 露出旗叶叶鞘的日期。

④开花期：50%植株开花的日期。

⑤成熟期：50%以上的穗下部籽粒达蜡状硬度的日期。

(2) 按照酿酒高粱的总生育期，可将酿酒高粱分为早熟品种、中熟品种和晚熟品种。

①早熟品种：生育期<120 d。

②中熟品种：120 d<生育期<130 d。

③晚熟品种：生育期>130 d。

四、 实训步骤

1. 记录酿酒高粱生育时期

酿酒高粱播种后，每个实习小组每隔 2 d 去实验地块观察，按照上述判断标准，准确记录酿酒高粱的播种期、出苗期、抽穗期、开花期和成熟期。用照相机将处在酿酒高粱特定生育时期的典型特征拍照记录并留存。

表 4-1 酿酒高粱生育时期记载表

酿酒高粱编号	日期					
	出苗期	拔节期	孕穗期	抽穗期	开花期	完熟期
1						
2						
3						
4						
5						
6						
7						
8						
9						
10						

2. 生育天数计算

将上述记录的日期，换算成达到该生育时期所需天数。对照生育时期的标准特征，判断每株酿酒高粱所处的生育阶段。

3. 判断品种特性

按照上述记录的酿酒高粱总生育期，将10个酿酒高粱按照早熟品种、中熟品种和晚熟品种分类。

五、考核标准及配分

本技能满分100分，合格标准为80分。

（1）生育时期判定准确（50分）：能正确识别酿酒高粱各生育时期。

（2）表格完整有记录照片（20分）：数据记录清晰，特征描述准确。

（3）问题分析能力（30分）：能合理解释生育时期差异的原因。

六、作业

完成一份酿酒高粱生育时期判定的实训报告。

综合实训六　酿酒高粱田间管理技术

一、实训目的

酿酒高粱田间管理技术实习实训旨在让农学专业大学生深入农业生产一线，将课堂所学的理论知识与实际生产紧密结合。通过亲身参与酿酒高粱田间管理的各个环节，使学生深刻理解酿酒高粱生长规律，熟练掌握中耕除草、追肥、灌溉排水等关键田间管理技术。培养学生运用专业知识解决农业生产实际问题的能力，提升学生的实践操作技能、团队协作精神以及职业素养，为今后从事农学相关科研、教学、技术推广等工作奠定坚实基础。

二、实训场所、用具及材料

（1）训练场所：试验农场。

（2）用具及材料：

农具类。配备足够数量的锄头、铁锹，用于中耕除草、土壤翻耕等操作；喷雾器，可用于喷洒一些植物生长调节剂或叶面肥。

测量工具。准备土壤湿度计，实时监测土壤水分含量，为灌溉决策提供依据；温度计，测量田间气温和地温，了解酿酒高粱生长环境温度变化；卷尺，用于测量酿酒高粱株高、茎粗等生长指标；电子秤，精确称量肥料、种子等物资的重量。

物资准备。准备数量充足的复合肥与其他物资，为学生准备草帽、手套、口罩、雨衣、雨鞋等防护用品，保障学生在实训过程中的人身安全和健康。

三、 实训内容

本次实训围绕酿酒高粱田间管理的核心环节展开，具体内容包括中耕除草技术、追肥技术、灌溉排水技术以及酿酒高粱生长状况的监测与记录。通过实际操作和观察分析，使学生全面掌握酿酒高粱田间管理的技术要点和管理方法，深入理解各项管理措施对酿酒高粱生长发育的影响。

四、 实训步骤方法

（一）中耕除草技术

1. 理论讲解

介绍中耕除草的目的和作用。中耕可以疏松土壤，增加土壤透气性，促进酿酒高粱根系生长和发育；提高地温，有利于土壤微生物活动，加速有机质分解；切断土壤毛细管，减少水分蒸发，起到保墒作用。除草则可以减少杂草与酿酒高粱争夺养分、水分和光照，保证酿酒高粱正常生长。同时，讲解不同生长阶段中耕除草的深度和频率要求，如苗期中耕宜浅，避免伤根，深度一般为 3～5 cm，可进行 2～3 次；拔节期中耕可适当加深至 7～10 cm，进行 1～2 次。

2. 现场示范

带领学生至酿酒高粱田间，进行中耕除草示范操作。首先展示正确的锄头使用方法，包括握锄姿势、用力技巧等。其次示范除草技巧，如何准确识别杂草并将其连根拔起，同时避免损伤酿酒高粱植株。最后强调在操作过程中要注意安全，避免被农具伤到。

3. 实践操作

分组进行中耕除草操作，每组负责一定面积的酿酒高粱田。教师巡回指导，及时纠正学生的错误动作，如中耕深度过深或过浅、除草不彻底等。要求学生认真操作，确保中耕除草质量。操作完成后，组织学生进行小组互评，互相学习优点，指出不足。

（二）追肥技术

1. 知识讲解

讲解酿酒高粱不同生长阶段对养分的需求特点。苗期酿酒高粱对氮肥需求较多，以促进根系生长和地上部分发育；拔节期是酿酒高粱生长旺盛期，对氮、磷、钾的需求都较大，需要保证充足的养分供应，以促进茎秆粗壮和分蘖增加；抽穗期和灌浆期是酿酒高粱籽粒形成和灌浆的关键时期，对磷、钾肥的需求增加，适当补充磷、钾肥可以提高籽粒饱满度和品质。同时，介绍常用化肥和有机肥的种类、性质和施用方法，以及追肥的原则，即根据土壤肥力、酿酒高粱生长状况和目标产量确定施肥量和施肥时期。

拔节肥：应在拔节前施用，施用养分含量40%以上配方肥25～30 kg/667 m^2、腐熟农家肥1 500～2 000 kg/667 m^2，中耕除草，培土起垄。孕穗肥：看苗施肥，弱苗地增施尿素3～5 kg/667 m^2，配制成0.3%～0.5%的溶液浇灌。

2. 施肥操作

学生分组进行追肥操作。采用穴施或条施的方法，将肥料均匀施入酿酒高粱根部附近土壤中，然后覆土。在施肥过程中，要求学生严格按照施肥配方和操作规程进行，确保施肥均匀、适量。

（三）酿酒高粱生长状况的监测与记录

1. 指标确定

确定需要监测的酿酒高粱生长重要的指标，如株高、茎粗、叶面积等。株高反映酿酒高粱植株的生长高度；茎粗体现茎秆的粗壮程度，与植株的抗倒伏能力有关；叶面积大小影响光合作用的效率。

2. 定期监测

学生分组定期对酿酒高粱生长状况进行监测。使用卷尺测量株高，从地面到植株顶端生长点的垂直距离；用游标卡尺测量茎粗，选择植株基部一定高度的位置进行测量；采用叶面积仪或长宽系数法估算叶面积。每次监测后，及时做好记录，包括监测时间、地块编号、各项指标的数值等。同时，观察酿酒高粱的生长态势、叶片颜色等外观特征，及时发现异常情况，如叶片发黄、生长缓慢等，并记录下来。

3. 数据分析

实训结束后，组织学生对监测数据进行分析和总结。绘制酿酒高粱株高、茎粗等生长指标随时间变化的曲线图，直观展示酿酒高粱的生长趋势。

五、 考核标准及配分

本技能满分100分，合格标准要求达到80分。

（1）实践操作技能（60分）。根据学生在中耕除草、追肥、灌溉排水等实践操作中的熟练程度、操作规范性和任务完成情况进行考核。要求操作方法正确、动作熟练、任务完成质量高。例如，中耕除草时，除草干净、中耕深度符合要求；追肥时，施肥均匀、施肥量准确；灌溉排水时，能够根据实际情况合理控制水量和时间。

(2) 生长监测与记录 (20分)。考核学生对酿酒高粱生长状况监测的准确性、记录的完整性和及时性，以及对监测数据的分析能力和实训报告的撰写质量。要求监测数据真实可靠，记录详细完整，能够按时完成监测任务；数据分析方法合理，结论准确；实训报告格式规范，内容丰富，逻辑清晰。

(3) 问题分析能力 (20分)。能根据生长检测和记录，分析出酿酒高粱管理下一步的操作，实现酿酒高粱高产稳产。

六、 作业

要求学生撰写一份详细的实训报告，内容包括实训目的、实训场所及材料、实训内容与步骤、实训结果与分析、实训收获与体会以及对酿酒高粱田间管理技术的建议。

综合实训七 酿酒高粱绿色生产

一、 实训目的

使学生能够准确识别酿酒高粱绿色生产中蚜虫、条螟、炭疽病、黑穗病等常见病虫害的形态特征与危害症状，并采用合适的病虫害防治方法，掌握安全用药规范。

二、 实训场所、 用具及材料

(1) 训练场所：试验农场。

(2) 用具及材料：高粱植株、高粱典型病虫害图谱、黄板、化学农药制剂、杀虫灯、色板、昆虫性信息素、生物药剂、铅笔、记录本等。

三、 实训内容

本次实训主要内容为高粱主要绿色防控技术。

1. 生态调控

(1) 良种选用。选用对炭疽病、纹枯病等抗 (耐) 性强的品种。

(2) 科学耕作。合理轮 (间) 作；播前晒种 1～2d，用食盐温水或生物药剂浸种；3月上中旬播种，5～7叶移栽，移栽前 3～5d 喷施免疫诱抗剂和生物药剂，种植密度 6 000～8 000 株/667 m^2；施用腐熟农家堆肥 1 500 kg/667 m^2 作为基肥；适时中耕除草，及时清除病虫株和无效分蘖。

（3）收获处理。高粱收获后，及时脱粒，击杀穗部害虫。清除田间秸秆、杂草等病虫害宿主。

2. 理化诱控

（1）色板诱杀。根据有翅蚜虫等靶标害虫的发生情况，悬挂20～25张/667 m^2 全降解色板进行诱杀，及时更换、回收并集中处置。

（2）性信息素诱杀。根据靶标害虫种类和发生情况，安放1个/667 m^2 性诱装置进行诱杀，定期清理虫体，及时更换诱芯。

（3）灯光诱杀。根据具有趋光性的靶标害虫种类和发生情况，安装1盏/2～3 hm^2 杀虫灯，3～8月开灯诱捕，及时清理虫体。

3. 生物防控

（1）天敌昆虫保护利用。在高粱田周边种植紫花苜蓿、芝麻等显花植物，或间作大豆，诱集草蛉、瓢虫等天敌昆虫繁殖；根据靶标害虫卵块发育进度，人工释放赤眼蜂、小姬蜂、蚜茧蜂等天敌昆虫。

（2）免疫诱抗。在拔节期和始穗期分别喷施1次植物免疫诱抗剂。

（3）生物药剂防控。根据病虫害发生情况，交替选用印楝素、苦参碱、藜芦碱、蛇床子素、枯草芽孢杆菌等符合GB/T19630标准的生物药剂进行防控。药剂使用符合GB4285和GB/T8321标准要求。

四、实训步骤方法

（1）理论讲解。通过查阅酿酒高粱典型病虫害图谱，学习常见病虫害特征。

（2）病虫害防治方法选择。通过学习不同病虫害防治方式，了解防治原理，并选用适宜的方式防治。

①农业防治。宜选用抗病性和适应性较强的优良品种，实行轮换种植、合理间套作，注重培育壮苗，增强植株抗逆性。收割后应及时清除农田秸杆、田间杂草，降低病源、虫源基数。

②物理防治。播种前应晒种，宜在生长期内每亩安插20～25张黄板诱捕蚜虫和芒蝇等，采用色诱、光诱、性诱等物理装置诱杀鳞翅目、鞘翅目害虫。

③生物防治。保护利用高粱害虫的天敌。

④生物药剂防治。药剂使用符合GB 4285和GB/T 8321标准要求。

（3）高粱病虫害防治处理。根据酿酒高粱病虫害的发生情况，选择合适的药剂或方法处理，定期观察记录防治效果（参照DB 5105/T 20—2019）。

表 4-2　酿酒高粱主要虫害防治方法

<table>
<tr><th>病虫害名称</th><th>病原或害虫类别</th><th>防控方法补充说明</th></tr>
<tr><td>蝼蛄</td><td>直翅目，蝼蛄科
Orthoptera，Gryllotalpidae</td><td rowspan="3">灯光诱杀：3—8 月开灯诱杀蝼蛄、蛴螬、小地老虎等地下害虫的成虫。农业防控：结合整地，消灭蛴螬、小地老虎幼虫；结合夏锄，深挖毁掉蝼蛄卵窝。药剂防控：移栽前 3～5d 喷施 0.5%藜芦碱可溶液剂 500～800 倍液或 0.5%苦参碱水剂 500～800 倍液或 0.3%印楝素乳油300～500 倍液等生物药剂</td></tr>
<tr><td>蛴螬</td><td>鞘翅目，金龟甲总科
Coleoptera，Scarabaeoidae</td></tr>
<tr><td>小地老虎</td><td>鳞翅目，夜蛾科
Agrotis ypsilon（Rottemberg）</td></tr>
<tr><td>玉米螟</td><td>鳞翅目，螟蛾科
Ostrinia furnacalis（Walker）</td><td rowspan="7">性信息素诱杀：越冬代成虫羽化前，安放性诱装置，离地高度 1.5 m，诱杀雄成虫。灯光诱杀：5—8 月开灯诱杀成虫。天敌昆虫：害虫产卵期，悬挂寄生蜂卵卡 5～10 枚/667 m^2，每代放 2～3 次，每次放 8 000～10 000 头，间隔时间5～7 d。药剂防控：拔节期和始穗期选用 0.5%藜芦碱可溶液 500～800 倍液或 0.5%苦参碱水剂 500～800 倍液或 0.3%印楝素乳油 300～500 倍液等生物药剂喷施</td></tr>
<tr><td>二化螟</td><td>鳞翅目，螟蛾科
Chilo suppressalis（Walker）</td></tr>
<tr><td>桃蛀螟</td><td>鳞翅目，螟蛾科
Conogethes punctiferalis（Guenée）</td></tr>
<tr><td>粟穗螟</td><td>鳞翅目，螟蛾科
Mampava bipunctella Ragonat</td></tr>
<tr><td>高粱条螟</td><td>鳞翅目，螟蛾科
Proceras venosatum（Walker）</td></tr>
<tr><td>黏虫</td><td>鳞翅目，夜蛾科
Mythimna separata（Walker）</td></tr>
<tr><td>草地贪夜蛾</td><td>鳞翅目，夜蛾科
Spodoptera frugiperda（Smith）</td></tr>
<tr><td>蚜虫</td><td>半翅目，蚜科
Hemiptera，Aphididae</td><td>黄板诱杀：悬挂黏虫板，离地高度 1.5 m。药剂防控：拔节期和齐穗期喷施 0.5%藜芦碱可溶液 500～800 倍液或 0.5%苦参碱水剂 500～800 倍液等生物药剂</td></tr>
</table>

续表

<table>
<tr><th>病虫害名称</th><th>病原或害虫类别</th><th>防控方法补充说明</th></tr>
<tr><td>炭疽病</td><td>真菌界，炭疽病属
Colletotrichum</td><td rowspan="2">药剂防控：移栽前3～5 d、拔节期和孕穗期喷施1 000亿/g枯草芽孢杆菌可湿性粉剂1 000～1 200倍液或1%蛇床子素水剂500～800倍液等生物药剂和5%氨基寡糖素水剂500～800倍液或0.136%赤・吲乙・芸苔可湿性粉剂2 500～3 000倍液或0.1%S-诱抗素水剂250～300倍液等植物免疫诱导剂</td></tr>
<tr><td>纹枯病</td><td>真菌界，无孢目立枯丝核菌
Rhizoctonia solani</td></tr>
</table>

五、 考核标准及配分

本技能满分100分，合格标准要求达到80分。

（1）病虫害识别：40分。准确识别病虫害种类、症状，描述清晰。

（2）病虫害防治：40分。规范完成田间调查，根据病虫害的发生采取合理的防治措施。

（3）数据记录与报告：20分。数据记录完整，分析逻辑清晰，报告格式规范、结论合理。

六、 作业

提交一份高粱病虫害防治的实训报告，内容包括实训目的、方法、数据、结果分析、防治建议。

综合实训八　酿酒高粱成熟采收

一、 实训目的

本实训项目旨在让农学专业大学生深入了解酿酒高粱的品种特性和成熟特征，掌握其成熟的判断标准及最佳采收期确定方法。通过实践操作，使学生熟练掌握酿酒高粱的采收技术，包括采收时间、方法及采后处理等环节，同时培养学生的实践操作能力、团队协作精神以及对农产品质量安全的意识，为今后从事农学相关工作，特别是在酿酒高粱种植与采收领域积累实践经验。

二、实训场所、用具及材料

（1）训练场所：试验农场。

（2）用具及材料：准备足够数量的镰刀、剪刀，用于手工采收酿酒高粱；若条件允许，可准备小型酿酒高粱采收机，进行机械采收演示。镰刀、剪刀、竹筐、背篓、编织袋、绳子、脱粒机、电子秤、笔和记录本等。

三、实训内容

本次实训围绕酿酒高粱的成熟采收环节展开，具体内容包括酿酒高粱的品种特性及成熟特征识别、成熟度的判断标准及最佳采收期确定、采收方法与技术要点（包括手工采收和机械采收的演示）、采后处理技术（如晾晒、脱粒、储存等）。通过实际操作和观察分析，使学生全面掌握酿酒高粱成熟采收的技术要点。

四、实训步骤

（一）酿酒高粱品种特性及成熟特征识别

1. 理论讲解

带队教师详细介绍酿酒高粱的品种特性，包括其生长周期、形态特征、产量潜力、品质特点等。重点讲解酿酒高粱的成熟特征，如穗部颜色变化（由绿色转成红色）、颖壳包被度降低、籽粒饱满度增加、籽粒颜色变深、茎秆变黄等。

2. 现场观察

带队教师带领学生来到酿酒高粱田间，让学生亲自观察酿酒高粱的植株形态、穗部特征等，结合理论讲解，使学生能够准确识别酿酒高粱的成熟特征。

3. 对比分析

提供不同成熟度的酿酒高粱植株，让学生进行对比观察，分析不同成熟度植株的特征差异，加深学生对成熟特征的理解。

（二）成熟度的判断标准及最佳采收期确定

1. 知识讲解

实训指导教师讲解酿酒高粱成熟度的判断标准，包括穗部颜色、籽粒饱满度、茎秆颜色、叶片枯黄程度等指标。同时，介绍最佳采收期的确定方法，即根据高粱的用途（如酿酒、饲料等）、天气情况、市场需求等因素综合考虑，选择合适的采收时间。

2. 实践操作

学生分组在田间进行成熟度判断实践操作。每组选择一定数量的高粱植株，根据所学知识判断其成熟度，并记录判断结果。教师巡回指导，及时纠正学生的错误判断。

3. 讨论分析

组织学生进行小组讨论，分享各自的判断结果和判断依据，分析不同小组之间的差异，总结成熟度判断的经验和技巧。

（三）采收方法与技术要点

1. 手工采收演示

教师进行手工采收演示，展示正确的采收方法和技巧。选择成熟度适宜的酿酒高粱植株，用镰刀或剪刀从穗柄处割断，放入背篓（若为种质资源材料，则需要单株收获放入网袋并写好标识牌）。在演示过程中，强调安全操作规范，避免发生意外事故。

2. 机械采收演示

若条件允许，进行小型高粱采收机的机械采收演示。介绍机械采收机的工作原理、操作方法和注意事项，让学生了解机械采收的优势和局限性。

3. 学生实践

学生分组进行采收操作，每组可选择手工采收或机械采收（根据实训条件）。教师巡回指导，及时纠正学生的错误操作，确保采收质量和安全。在采收过程中，要求学生注意保护高粱植株和籽粒，避免因高粱落粒而造成不必要的损失。

（四）采后处理技术

1. 脱粒

介绍酿酒高粱脱粒的方法和设备。可采用传统的手工脱粒方法，如摔打、碾轧等，也可使用脱粒机进行机械脱粒。演示脱粒机的操作方法和注意事项，让学生了解机械脱粒的效率和优势。

2. 晾晒

教师讲解酿酒高粱采后晾晒的目的和方法。晾晒可以降低酿酒高粱籽粒的含水量，防止霉变和发芽，提高储存稳定性。选择通风良好、阳光充足的场地进行晾晒，将采收的酿酒高粱均匀铺开，厚度适中，定期翻动，确保晾晒均匀。

3. 储存

讲解酿酒高粱储存的方法和要求。选择干燥、通风、防潮、防虫的仓库进行储存，控制仓库内的温度和湿度，定期检查酿酒高粱的质量和储存情况，及时处理发现的问题。

五、 考核标准及配分

本技能满分 100 分，合格标准要求达到 70 分。

（1）成熟度判断准确：20 分。能正确识别酿酒高粱成熟特征，判断采收时机误差不超过 2 d。

（2）采收操作规范：40 分。采收过程中，人工或机械操作熟练，无明显籽粒损失和茎秆破碎。

（3）后处理得当：40 分。脱粒、晾晒、清选和储存操作符合标准，酿酒高粱含水量控制在安全范围内，杂质含量低。

六、 作业

完成一份酿酒高粱成熟采收的实训报告。

第五章　酿酒水稻品种选育综合实训

综合实训一　酿酒水稻品种资源认知与识别

一、实训目的

了解酿酒水稻的生产现状及其在酿酒行业中的重要性，掌握酿酒水稻的品质特征，明确酿酒水稻品种审定标准。

二、实训场所、用具及材料

（1）训练场所：实训室。

（2）用具及材料：多媒体设备，四川省地方标准 DB5115/T 28—2020《酿酒专用粮稻谷》等资料。

三、实训内容

（一）酿酒水稻生产现状与意义

宜宾市作为中国白酒核心产区之一，其酿酒水稻产业在近年来取得了显著发展，为白酒产业提供了重要的原料支撑。近年来，宜宾市酿酒水稻种植面积逐年扩大，主要集中在翠屏区、南溪区、江安县等区域，形成了以“中稻＋再生稻”为主的种植模式。选用的主要品种有宜香优 2115、宜优 1611 等。

宜宾地处中国白酒金三角核心产区，具有得天独厚的资源禀赋，白酒酿造历史悠久、文化厚重、工艺独特，有“川酒甲天下，精华在宜宾”之美誉。宜宾是多粮浓香型白酒的发源地和主产区，一直秉承和坚守传统固态法酿造工艺。生产酿酒水稻，有以下意义。

1. 产业意义

酿酒水稻是酿造优质白酒的重要原料，其品质直接影响白酒的风味和出酒率。宜宾作为五粮液等名酒的故乡，酿酒水稻的生产为白酒产业提供了稳定、优质的原料保障，支撑了白酒产业的持续发展。宜宾通过实施酿酒专用粮“定制生产”模式，优化了水稻种植结构，推动了农业供给侧结构性改革。这种模式不仅提高了水稻种植的标准化水平，还促进了农业产业链的延伸和升级。

2. 经济意义

酿酒水稻的种植为农民提供了更高的经济收益。例如，宜宾通过定制生产模式，将酿酒水稻的收购价格提高到市场价的1.5倍，显著增加了农民收入，助力乡村振兴。酿酒水稻的生产带动了宜宾农业及相关产业的发展，形成了以白酒为核心的产业集群。2024年，宜宾白酒产业产值达到875亿元，酿酒水稻的生产为区域经济增长提供了重要动力。

3. 生态意义

宜宾在酿酒水稻生产中推广绿色生产技术，减少化肥和农药的使用，保护了土壤和水资源。例如，通过实施“一控两减三基本”措施，降低了农业面源污染，促进了生态农业的发展。酿酒水稻的生产注重资源的高效利用和循环利用，例如，推广秸秆还田和有机肥使用，提高了土壤肥力，推动了农业的可持续发展。

4. 文化意义

酿酒水稻的生产与宜宾的白酒文化密不可分。通过种植优质的酿酒水稻，宜宾不仅传承了传统的酿酒技艺，还弘扬了白酒文化的独特魅力。酿酒水稻的生产进一步巩固了宜宾作为“中国酒都”的地位。通过打造优质酿酒水稻基地，宜宾提升了其在白酒产业中的品牌影响力，吸引了更多消费者和投资者的关注。

（二）酿酒水稻品质特征

1. 基本质量要求

根据DB5115/T 28—2020，酿酒专用水稻应满足的基本质量指标要求见表5-1。

表5-1 酿酒水稻质量指标

<table>
<tr><th rowspan="3">指标</th><th colspan="3">出糙率/≥%</th><th colspan="2">杂质含量/≤%</th><th rowspan="3">不完善粒/≤%</th><th rowspan="3">黄粒米含量/≤%</th><th rowspan="3">一致性/≥%</th><th colspan="2">水分/≤%</th><th rowspan="3">互混/≤%</th><th rowspan="3">色泽气味</th></tr>
<tr><th rowspan="2">籼稻</th><th colspan="2">糯稻</th><th rowspan="2">总量</th><th rowspan="2">其中，无机杂质</th><th rowspan="2">籼（糯）稻</th><th rowspan="2">粳糯稻</th></tr>
<tr><th>籼糯</th><th>粳糯</th></tr>
<tr><td>指标要求</td><td>77.0</td><td>77.0</td><td>79.0</td><td>1.0</td><td>0.5</td><td>3.0</td><td>0.5</td><td>95</td><td>13.5</td><td>14.5</td><td>5.0</td><td>正常</td></tr>
<tr><td colspan="13">注：金属类杂质、熏蒸药剂残留物等不得检出</td></tr>
</table>

2. 专用指标与生产指标

专用指标和生产指标要求见表5-2。

表 5-2　专用指标和生产指标

指标类型	项目			籼稻	糯稻	
					籼糯	粳糯
专用指标	垩白度/%		≥	8.0	—	
	淀粉	总量（干基）/%	≥	80.0		
		其中：直链淀粉含量（干基）/%	≥	20.0	—	
		支链淀粉含量（干基）/%	≥	—	95.0	
	粗蛋白质含量（干基）/%		≤	8.0		
	脂肪酸值/（KOH/干基）/（mg/100g）		≤	30.0	25.0	
	品尝评分值/分		≥	70		
	害虫密度/（头/kg）		≤	3		
	碱消值/级		≥	4	—	
生产指标	新鲜度/分			+		
注：“+”须标注检验结果						

3. 食品安全指标要求

表 5-3　安全指标

项目		指数
PN 真菌毒素	≤	0.5
PN 污染物	≤	0.5
P N 农药残留	≤	0.5

四、 实训步骤方法

（1）了解酿酒水稻生产的意义，生产地的气候环境条件和生产现状。

（2）掌握酿酒水稻的品质指标、食品安全指标。

五、 考核标准及配分

本技能满分 100 分，合格标准要求达到 80 分。

（1）酿酒水稻生产背景及现状，20 分。

（2）酿酒水稻产品指标要求，40 分。

（3）酿酒水稻新品种指标要求，40 分。

六、 作业

根据你家乡生态环境条件和酒产业现状，理解本地粮酿本地酒这一内涵，完成一份酿酒水稻品种选择及生产实训报告。

综合实训二　水稻花器构造与有性杂交技术

一、 实训目的

本实训旨在通过详细观察和实践，使学生深入了解水稻花器的精细构造及其独特的开花习性，进而初步掌握水稻有性杂交的关键技术。这一过程不仅有助于提升学生对作物生殖生物学特征的认识，还为后续遗传育种研究奠定坚实基础。

二、 实训场所、 用具及材料

（1）训练场所：试验农场。

（2）用具及材料：

热水瓶：内装47℃左右的热水，用于温汤去雄。温度计：量程0～100℃，精确测量水温。剪刀、镊子：精细操作，用于剪颖、去雄等步骤。牛皮纸袋（7 cm×20 cm）：隔离保护，防止外来花粉干扰。回形针：固定纸袋，确保密封性。塑料牌、铅笔：标记记录，便于追踪观察。70%乙醇：消毒处理，防止窜粉。1% I-KI溶液：用于糯稻和非糯稻检测。植株材料：花期相遇的糯稻和非糯稻品种，确保杂交试验的有效性。

三、 实训内容

（一）花器构造

水稻稻穗结构复杂，由主轴、一次枝梗、二次枝梗、小穗梗及小穗组成。每个小穗内含两片退化颖片（副护颖）、小花梗及三朵小花。其中，顶端小花正常发育，其下两朵退化，仅留两片外稃（护颖）。可育小花结构精细，包括外颖、内颖、两片浆片、六枚雄蕊及一枚雌蕊。雄蕊花药内含四个花粉囊，雌蕊柱头二裂呈羽毛状，有利于接受花粉。

（二）开花习性

水稻开花顺序遵循一定规律，通常上部枝梗的颖花先开，随后依次向下。在同一枝梗上，顶端颖花往往最先开放，然后自下而上依次开放。单朵颖花从开放至闭合需1～2 h，最适宜开花温度为25～30℃。晴天时，开花时间主要集中在11—13时；阴天则开花时间延迟0.5～1 h。

四、 实训步骤和方法

（一）选株选穗

选取具有典型品种性状、生长健壮且无病虫害的植株作为母本。稻穗应伸出剑叶叶鞘3/4或全部，且前一天已有少量花开放，这样的稻穗含有大量即将开放的颖花，便于去雄操作。将选定的母本植株移栽至专用盆体中，便于后续的去雄杂交工作。

（二）去雄

水稻去雄技术多样，主要包括温汤去雄法、剪颖去雄法和真空去雄法。

1. 温汤去雄法

调节水温。在自然开花前1～1.5 h，根据籼稻（43～44℃）和粳稻（44～45℃）的不同，调节热水瓶中的水温，避免水温过高烫伤雌蕊。

倾斜处理。小心地将母本植株倾斜置于调好水温的热水瓶中，保持5 min，注意控制时间，避免稻穗折断。

抖去积水。取出稻穗后，轻轻抖去穗上积水。

剪颖去雄。5～10 min后，剪去未开放的颖花，对已开放的颖花斜向剪去上端1/3，确保仅烫死当天即将开花的颖花雄蕊。

2. 剪颖去雄法

整穗。在杂交前一天15:00时以后至开花前1 h内，剪去已开和近期不会开的颖花。

剪颖。保留的颖花逐一斜剪去上端1/3颖壳。

去雄。用镊子轻轻取出每朵颖花内的6枚未成熟花药。花药破裂或散粉的小穗需去除，并用乙醇消毒镊子。此方法适用于颖壳较厚、温汤去雄效果不佳的粳稻品种。

3. 真空去雄法

整穗与剪颖。同剪颖去雄法。

去雄。连接真空泵与吸雄管，对准剪开的颖花，利用吸力吸出花药。此方法操作简便，不易触碰柱头。

（三）套袋隔离

去雄后，立即用牛皮纸袋套住稻穗，下端斜折并用回形针固定，有效隔离外来花粉干扰，确保杂交纯度。

（四）抖粉授粉

选择父本。挑选具有典型父本品种性状、生长健壮的植株。

剪取父本穗。在母本去雄后立即选择即将大量开花的父本穗，剪去每个颖花 1/2 的颖壳，或将盛花期的父本穗剪下，插在母本附近。

授粉操作。打开母本稻穗上端的纸袋口，将父本稻穗插入纸袋内，轻轻抖动和旋转数次，使花粉均匀散落在母本柱头上。

检查授粉效果。授粉后 3 d 检查子房是否膨大，作为杂交成功与否的初步判断依据。

（五）挂牌记录

授粉完成后，重新折叠好纸袋口，并用铅笔在纸袋上或挂在穗基部的塑料牌上写明组合代号、杂交日期及操作者姓名。同时，在工作本上详细记录操作过程及观察结果。

（六）收获

杂交后 21～25 d 为最佳收获期。过早收获可能导致杂交种子未完全成熟；过迟则增加种子被虫食的风险。

五、 考核标准及配分

本技能满分 100 分，合格标准要求达到 80 分。

（1）正确认识水稻花器构造，40 分。

（2）掌握酿酒水稻有性杂交技术，60 分。

六、 作业

每位学生需完成 5～10 朵花的杂交操作，详细记录杂交过程及结果。通过对比分析，识别并总结操作过程中可能遇到的问题及成功经验，为今后的酿酒水稻遗传育种研究积累宝贵经验。

综合实训三　杂交水稻繁殖和制种的技术

一、 实训目的

熟悉杂交水稻繁殖制种的基本原理及主要技术环节，初步掌握杂交水稻繁殖制种的技术和方法。

二、 实训场所、用具及材料

（1）训练场所：试验农场。

（2）用具及材料：杂交水稻不育系繁殖田和制种田正在抽穗开花的不育系、保持系、恢复系。赤霉酸、显微镜、解剖针、手持电动喷雾机或喷雾器、塑料桶、量筒等。

三、 实训内容

在自花授粉作物领域，杂种优势的利用尤为显著，其中杂交水稻的选育与推广堪称典范。杂交水稻的选育主要涵盖三种类型：三系法杂交稻、两系法杂交稻及化杀法杂交稻，而当前广泛采纳并推广的则为“三系法”杂交稻的繁殖制种技术。

“三系法”杂交水稻技术，其核心在于雄性不育系、雄性不育保持系及雄性不育恢复系的巧妙结合。雄性不育系需具备稳定的不育性，其不育度与不育株率需达到100%，且其不育特性不应受多代繁殖或温度变化等环境因素的干扰而导致自交结实。此外，优良的不育系还应展现出良好的可恢复性、强大的配合力，以及易于配组出优势显著的杂交组合。其花器应发育健全，开花习性优良，具体表现为开颖角度宽广、持续时间长、柱头硕大且外露率高，同时穗部不包颈或包颈程度轻微。

保持系，实质上是不育系的同核异质变体。除雄性可育这一关键差异外，保持系的其他性状与不育系高度相似。一个优质的保持系，应能够稳定地维持雄性不育系的不育性，并展现出良好的丰产性。其性状应整齐划一，花药发达，花粉数量充沛。

至于恢复系，其应具备以下特质：恢复性能强劲，与不育系配制的杂交种结实率高、性状稳定、配合力优异；农艺性状良好，抗逆性强，稻米品质上乘；开花习性优良，花期持久，花时不提前，且花粉数量多。当前，针对三系杂交稻恢复系的选育，主要采用测交筛选、杂交选育及辐射诱变等方法。

“三系法”制种技术的实施，需在特定的隔离区域内进行。在不育系与保持系相间种植的区域，通过保持系为不育系授粉，从而繁殖得到雄性不育系。而在另一隔离区域内，则通过不育系与恢复系的杂交，得到可用于生产的杂交一代种子（F_1）。为了持续保持 F_1 的杂种优势，必须每年进行制种。同时，保持系与恢复系也可分别在各自的隔离区域内通过自交繁殖自身种子，或在上述两个隔离区域内同时进行。

在杂交水稻“三系”制种过程中，开花时的气候条件对其影响显著。对于籼型杂交稻而言，其开花通常发生在日平均气温24～28℃、开花时气温28～32℃、相对湿度70%～80%、昼夜温差约10℃、日照充足且有微风的条件下。这样的气候条件有利于其正常开花，并提高异交结实率。然而，当日最高气温超过35℃、最低气温低于24℃，或日平均气温低于22℃、开花时穗层气温低于26℃、昼夜温差过大、田间相对湿度低于65%或高于90%时，均会对其开花、散粉及异交结实产生明显的负面影响。至于粳型杂交稻，其“三系”适宜的日平均气温为26～31℃，低于20℃时则不开花，而在20～23.9℃时开花则较为稀少。

从季节角度来看，杂交水稻的繁殖制种可分为春繁春制（早稻生产季节）、夏繁夏制（中稻生产季节）及秋繁秋制（晚稻生产季节）。其中，春繁春制与夏繁夏制的产量及种子质量均较高，因而经济效益也更为显著。相比之下，秋繁秋制则表现不佳，因为前期的高温不利于高产苗穗的形成，而后期的低温阴雨则对扬花授粉及灌浆结实产生不利影响，同时黑粉病的严重发生也进一步影响了种子的产量与质量。

四、 实训步骤方法

（一）计划繁殖与制种面积

在启动制种工作之前，首要步骤是对本地杂交水稻的生产概况进行全面调研。这包括但不限于当前杂交水稻的播种覆盖面、品种结构分布以及市场对种子的实际需求等关键信息。基于这些详尽的数据，我们可以科学合理地选定需要繁殖与制种的杂交水稻组合。

为了精确估算所需的繁殖与制种面积，我们可以采用以下公式进行计算：

杂交水稻制种面积（hm^2）＝计划播种面积（hm^2）×每公顷大田用种量（kg）/每公顷制种田产种量（kg）

不育系繁殖面积（hm^2）＝计划播种面积（hm^2）×每公顷制种田用种量（kg）/每公顷繁殖田产种量（kg）

值得注意的是，根据当前的行业标准和实践经验，每公顷杂交水稻大田所需的种子量为7.5～15 kg。而对于不育系的繁殖与制种而言，每公顷所需的不育系种子量通常为45～52.5 kg，父本种子量则约为7.5 kg。这些数据为我们规划合理的繁殖与制种面积提供了重要的参考依据。

（二）不育系繁殖技术

不育系繁殖作为杂交水稻制种的基石，其核心在于确保不育系的纯度维持在99.5%以上的高标准，这是保障杂交制种纯度和种子产量的先决条件。不育系与保持系通常被视为同型姊妹系，它们在形态上高度相似，但在生育期和生长特性上存在差异，如不育系开花期通常滞后于保持系2～3 d，且其始花至终花期持续时间更长（5～7 d），生长势和分蘖能力也略胜一筹。此外，不育系的株高往往较保持系低约10 cm，这在一定程度上简化了不育系繁殖中的花期调节工作。不育系繁殖技术的关键环节涵盖以下方面。

1. 抽穗扬花期优化与播种时机选择

母本不育系适时播种。根据水稻开花授粉对温度、光照、湿度等环境条件的严格要求，先确定当地的最佳抽穗开花期，再结合父母本的生育期推算出适宜的播种日期。播种时需规避低温和极端高温时段，以及伏旱和连绵阴雨等不利天气。

父本分期播种。在母本出苗达到1.5叶左右时，播种第一期父本；当母本长至2.5～3叶时，播种第二期父本。

2. 移栽标准细化

行向规划。依据当地主导风向和地形条件，行向宜与主风向垂直，南方地区多采用东西向布局，以确保光照充足和提高传粉效率。

行比配置。根据品种特性和自然条件，父、母本行比一般设为1∶（4～5）或2∶（6～8），确保父本花粉量充足且株高差异合理。

移栽时机与规格。父、母本通常分期播种但同期移栽，以第二期父本苗龄4.5～5叶为移栽标准。移栽规格需精细设定，如母本行距16～20 cm，穴距10～13 cm，父本与母本间留宽行26 cm等。

群体规模。不育系每公顷应有基本苗22.5万～30万株，最高苗300万～375万株，成穗210万～225万株；保持系每公顷应有基本苗15万株左右，最高苗210万～225万株，成穗120万～150万株。

3. 繁殖田精细化管理

针对父弱母强的现象，加强父本管理，从秧苗期开始培养壮秧，合理施肥，避免氮肥过量导致旺长和花期不协调。

4. 花期预测与灵活调节

花期预测。通过剥检幼穗发育进度，预测父母本花期是否相遇，理想状态为父本在幼穗分化前期略早于母本，中期同步，后期母本可略早于父本。

花期调节措施。采用水促、钾促加快父本发育，或氮控、旱控减缓父本发育，确保花期相遇。

5. 提升异交结实率策略

赤霉酸应用。在抽穗初期，适时喷施赤霉酸，促进穗颈伸长，克服包颈现象，提高异交结实率。

人工辅助授粉。晴朗天气下，利用竹竿或拉绳进行人工辅助授粉，降低穗层湿度，促进散粉。

轻割叶技术。在父本穗破口、母本穗始穗时，分批轻割叶，减少叶片阻挡，改善通风透光条件。

6. 严格隔离与去杂保纯

采用空间隔离（距离 100 m 以上）、时间隔离（相差 20 d 以上）或其他有效隔离方式，避免串粉。同时，利用自然屏障加强隔离效果。

在双亲生长过程中，进行多次去杂去劣，特别是在抽穗前，彻底清除杂株和劣株，特别注意去除母本中的可育株。

7. 适时收获与防混杂措施

成熟时，先收父本后收母本，确保清理检查无误。在收获、脱粒、运输、晾晒、加工、储藏等各个环节，严格防止机械混杂，并为不同种子附上标签，确保种子纯净度。

（三）杂交水稻制种技术

杂交水稻制种技术核心在于不育系与恢复系的精准结合，旨在实现高产优质的种子生产。这一目标的实现，关键在于确保双亲的安全隔离、花期相遇、群体结构合理且长势旺盛，以及异交结实率的显著提升。

1. 适期播种与花期调控

根据水稻（尤其是不育系）开花授粉的环境需求，结合地区自然条件和品种特性，科学确定父、母本的播种期。特别需考虑当地自然灾害的影响，如四川东南地区 7 月至 8 月的高温伏旱，应提前至 7 月上旬前完成抽穗扬花，相应地，播种期需提前至 3 月上旬甚至 2 月下旬。

2. 父、母本播种期的精细调控

杂交水稻制种中，父、母本播种期的精确调控是确保花期相遇的关键。理想的花期相遇状态为“头花充实、盛花重叠、尾花有效利用”。为实现这一目标，常采用以下三种方法：

生育期推算法。基于历年数据，推算父母本从播种至始穗的天数差，但在春季制种时，需结合叶龄差和积温差进行微调，以应对气候变化。

叶龄差推算法。利用父母本从播种至始穗的叶片数差异，结合当地气候和栽培条件，综合确定播种期。

积温差推算法。基于父母本播种至始穗的有效积温差，结合日平均温度与生物学上下限温度的差值累计，确定播种期。实践中，这三种方法常相互结合，以其中一种为基础，参考其他两种进行微调。

在生产实践中，上述三种方法通常相互结合运用。一般以其中某一种方法为基础，再参考另外两种方法的指标加以调节，能获得更好的效果。

3. 壮秧培育与适龄移栽

壮秧是高产的基石。父本采用两段育秧法，确保秧苗健壮；母本则直接在秧田中播种育秧。移栽时，父本秧龄控制在30～35 d，叶龄7～9叶；母本秧龄20～25 d，叶龄5～6叶。

4. 移栽密度与规格的精细设置

根据父母本株高、长势和花粉量，灵活设置行比，如1∶（10～12），或根据熟期调整至2∶（12～18）。移栽密度方面，母本行距13～16 cm，穴距10～11 cm，每穴2～3苗；父本则根据单行或双行设置，确保每公顷基本苗数达标，以保证成穗数。

5. 强化田间管理，构建合理群体结构

田间管理是实现高产合理群体结构的关键。通过选好田块、培育多蘖壮秧、科学管水和合理施肥等措施，确保父母本生长健壮、平衡发育。特别关注父本花粉量，确保花期、花时相遇。

6. 提升异交结实率的综合策略

适期割叶。在母本始穗期，割去大部分剑叶，减少传粉障碍，改善光照和降低湿度，提高结实率。

喷施赤霉酸。每亩总用量8～12 g，分3次连续3天早晨喷施，每次用量分别为总量的20%、50%和30%，以促进穗颈伸长，提高异交结实率。

人工辅助授粉。在晴朗天气下，利用竹竿或拉绳进行人工辅助授粉，提高授粉效率。

7. 确保种子纯度的严格措施

杂交种子的纯度直接影响增产效益。为确保种子质量，制种田需进行严格隔离和去杂。杂交种子纯度要求达到98%以上，通过空间隔离、时间隔离等措施，避免混杂，确保种子纯度。

五、 实训步骤方法

（1）认识酿酒水稻不育系、保持系和恢复系。

（2）熟悉杂交水稻繁殖制种的基本原理及主要技术环节。

（3）初步掌握杂交水稻繁殖制种的技术和方法。

六、 考核标准及配分

本技能满分100分，合格标准要求达到70分。

田间操作（70分）。

对于三系制种的理解和掌握（30 分）。

七、 作业

学生参与酿酒水稻制种田的播种、去杂去劣、授粉和收获等全部过程。收获后，进行全面总结，在酿酒水稻三系制种过程中，哪个环节做好了，哪个环节没有做好，有什么经验和教训。

综合实训四　酿酒水稻品种稻瘟病抗性鉴定与评价

一、 实训目的

知识目标。深入掌握稻瘟病的病原学特性，包括其病原菌的形态特征、生活史以及传播方式，明确稻瘟病的发病规律及其对酿酒水稻的具体危害。同时，深入理解稻瘟病抗性鉴定的多种方法，如田间自然诱发鉴定、人工接种鉴定以及实验室抗病性鉴定等，并熟悉抗性评价的标准体系及抗性品种的选育策略。

技能目标。通过实训，学生能够独立开展稻瘟病的田间病情调查，熟练运用各种调查工具和记录方法，准确判断病情；同时，能够掌握实验室抗性鉴定的基本流程和技术，独立完成抗性鉴定实验。

素质目标。培养学生的严谨科学态度，强化生态安全意识，使学生能够在实验中严格遵守操作规程，防止病原菌扩散。此外，通过团队协作，增强学生的沟通能力和解决实际生产问题的能力。

二、 实训场所、 用具及材料

试验田：种植 5～8 个酿酒水稻品种（如宜香优 2115、泸优明占等），设置稻瘟病诱发圃。

田间用具：孢子捕捉器、温湿度记录仪、放大镜、病级标准图谱、调查记录表。

病原材料：稻瘟病菌株（活体孢子悬浮液，需在生物安全柜中操作）。

三、 实训内容

（一）稻瘟病抗性鉴定理论基础

稻瘟病是由真菌病原菌（*Magnaporthe oryzae*）引起的水稻重要病害，其危害广泛且严重。稻瘟病不仅侵染水稻的叶片、茎秆、穗颈和谷粒，导致叶片枯死、茎秆折断、穗颈腐烂和谷粒空瘪，严重时会造成减产30%～50%，甚至绝收。对于酿酒水稻而言，稻瘟病的影响更为深远，它不仅降低产量，还会影响稻米的品质，如淀粉含量和蛋白质组成，进而影响白酒的出酒率和风味。

水稻对稻瘟病的抗性机制复杂多样，主要分为水平抗性和垂直抗性两类。水平抗性由多个微效基因共同控制，表现为对多种稻瘟病菌小种的持久抗性；而垂直抗性则由单个主效基因控制，通过识别病原菌效应蛋白触发免疫反应，但易因病原菌小种变异而失效。此外，水稻还通过细胞壁加厚、活性氧爆发和抗病相关蛋白表达等机制来抵御病原菌的侵染。

在抗性鉴定方面，田间自然诱发鉴定和人工接种鉴定是两种常用的方法。田间自然诱发鉴定利用病圃诱发病害，评价品种抗性的稳定性；而人工接种鉴定则通过苗期喷雾接种法，观察病斑类型及扩展速度，以快速准确地判断品种的抗性水平。

（二）抗性评价标准

为了准确评价水稻品种的稻瘟病抗性水平，我们采用了国际水稻研究所（IRRI）制定的病级划分标准。该标准将病情分为0～9共10个等级，其中0级表示无病斑，1级为针尖状病斑（抗性极强），3级为小型椭圆形病斑（抗性强），5级为中型病斑（中等抗性），7级为大型梭形病斑（感病），9级为全叶枯死（高感）。根据病级划分结果，我们可以将品种的抗性分为高抗（HR）、抗病（R）、中抗（MR）和感病（S）四个等级。

四、 实训步骤方法

（一）田间抗性鉴定

（1）试验田设计。采用随机区组设计原则，将试验田划分为多个小区，每个品种种植3个重复小区，每小区面积为10 m^2。在病圃中央种植高感品种作为诱发行，以模拟病害的自然发生环境。

（2）病害诱发与管理。在分蘖期向诱发行喷洒稻瘟病菌孢子悬浮液，浓度为1×10^5孢子/毫升。同时，保持田间湿度大于90%，温度为25～28℃，以促进病害的流行和扩散。

（3）病情调查。在接种后的7 d、14 d和21 d分别进行病情调查。每小区随机选取20株水稻作为调查对象，使用放大镜观察并记录叶片的病级情况，参考病级标准图谱进行准确判断。

（4）病情指数计算。根据调查数据计算病情指数，公式为：

$$病情指数=\Sigma（病级\times该病级叶片数）/最高病级\times总叶片数\times100$$

病情指数是评价品种抗性水平的重要指标之一。

（二）数据分析与评价

（1）抗性等级划分。根据病情指数和可能的分子标记结果（如基因型分析），将水稻品种划分为高抗、抗病、中抗和感病四个等级。这一步骤需要综合运用统计学和遗传学知识进行分析和评价。

（2）撰写评价报告：根据实验数据和抗性等级划分结果撰写评价报告。报告内容包括鉴定方法、数据统计与分析、抗性等级划分以及品种改良建议等部分。报告应条理清晰、数据准确、分析深入，能够全面反映实验过程和结果。

五、 考核标准及配分

本技能满分 100 分，合格标准要求达到 80 分。

（1）田间操作（40 分）。

（2）病情调查准确性（30 分）。

（3）数据记录规范性（20 分）。

（4）数据分析深度（10 分）。

六、 作业布置

根据酿酒水稻的稻瘟病抗性表现实验结果，选择 1 个感病酿酒水稻品种，设计抗性改良方案（包括基因编辑、杂交育种等策略）。

综合实训五　酿酒水稻品种苗期耐旱性鉴定与评价

一、 实训目的

（1）知识目标。本次实训旨在使学生深入理解并掌握水稻苗期耐旱性的生理机制，这包括理解干旱胁迫下水稻如何通过调节自身生理活动来维持生命活动。具体评价指标包括但不限于叶片相对含水量、叶绿素含量以及根系活力等，这些指标能够直观反映水稻在干旱条件下的生理状态。此外，学生还需深入理解干旱胁迫对酿酒水稻苗期生长的具体影响，以及这种影响如何与水稻后期的产量和品质形成关联，这对于指导农业生产实践具有重要意义。

（2）技能目标。通过本次实训，学生将学会规范操作耐旱性鉴定实验，包括如何设定合理的干旱胁迫处理条件、如何准确测定各项生理指标以及如何进行科学的数据分析。在实验过程中，学员将熟练掌握实验室常用仪器如分光光度计、离心机等的使用方法，以及这些仪器在耐旱性鉴定实验中的具体应用。这将为学员今后从事相关领域的科学研究或农业生产实践打下坚实的基础。

（3）素质目标。本次实训还注重培养学生的严谨科学态度和实验操作规范意识。通过实验操作，学生将学会如何严格遵守实验规程，确保实验数据的准确性和可靠性。通过本次实训，学生将进一步提升自己的综合素质，为今后的学习和工作奠定坚实的基础。

二、 实训场所、 用具及材料

（1）温室或人工气候室：控制温度（25～30℃）、湿度（50%～60%）和光照（12 h光照/12 h黑暗）。

（2）实验室：配备分光光度计、离心机、烘箱、电子天平等设备。

（3）育苗材料：5～8个酿酒水稻品种（如宜香优2115、泸优明占等）的种子。

（4）实验用具：育苗盘、土壤、量筒、移液枪、离心管、比色皿等。

（5）试剂：丙酮、乙醇、考马斯亮蓝G—250、三氯乙酸等。

三、 实训内容

（一）耐旱性鉴定理论基础

1. 干旱胁迫对水稻苗期生长的综合效应

干旱胁迫作为一种非生物逆境，对酿酒水稻苗期的生长发育构成了严峻挑战。研究指出，干旱胁迫会显著抑制水稻苗期的生长速率，导致叶片出现萎蔫现象，叶绿素发生降解，进而使得光合效率大幅降低。同时，干旱胁迫还会对根系造成不利影响，导致根系活力显著下降。此外，干旱胁迫还会诱导水稻细胞内活性氧（ROS）的积累，这些ROS会与细胞膜上的脂质发生反应，引发膜脂过氧化过程，表现为丙二醛（MDA）含量的显著升高，从而破坏细胞膜的完整性和稳定性。

为了应对干旱胁迫，耐旱性强的水稻品种会采取一系列适应性策略。这些策略包括积累脯氨酸、可溶性糖等渗透调节物质，以维持细胞内的渗透平衡；同时，这些品种还会增强超氧化物歧化酶（SOD）等抗氧化酶的活性，以有效清除细胞内积累的ROS，从而减轻干旱胁迫对细胞的损伤。

值得注意的是，干旱胁迫不仅会对水稻苗期的生长造成直接影响，还会对后期的产量和品质产生深远影响。研究表明，干旱胁迫会降低稻米中淀粉的合成效率，同时增加蛋白质的含量。这种变化会直接影响酿酒品质，如导致出酒率下降、酒体风味劣化等。因此，干旱胁迫对酿酒水稻的产量和经济效益构成了双重威胁。

2. 酿酒水稻苗期耐旱性评价指标的构建

为了全面评估酿酒水稻苗期的耐旱性水平，需要构建一套科学、合理的评价指标体系。这些指标既包括形态指标，也包括生理生化指标。

形态指标主要考察水稻苗期的直观特征，如株高、根长以及叶片的萎蔫程度等。这些指标能够直观地反映水稻在干旱胁迫下的生长状态和适应能力。

生理生化指标则更加深入地揭示了水稻在干旱胁迫下的生理响应和适应机制。其中，叶片相对含水量是反映水稻水分保持能力的重要指标；叶绿素含量则能够反映水稻的光合能力；丙二醛含量则能够反映膜脂过氧化程度，从而间接反映细胞膜的损伤程度；超氧化物歧化酶活性则能够反映水稻的抗氧化能力；而渗透调节物质（如脯氨酸、可溶性糖）的含量则能够反映水稻在干旱胁迫下的渗透调节能力。

（二）耐旱性鉴定方法

（1）干旱胁迫处理。

设置正常供水（对照）和干旱胁迫（停止供水）两组处理，每组 3 次重复。干旱胁迫持续 7 d，观察并记录植株生长状况。

（2）生理指标测定。

①叶片相对含水量：采用称重法测定。

②叶绿素含量：采用丙酮提取法测定。

③丙二醛含量：采用硫代巴比妥酸（TBA）法测定。

④超氧化物歧化酶活性：采用氮蓝四唑（NBT）光化还原法测定。

四、 实训步骤方法

（一）育苗与干旱胁迫处理

（1）育苗。将水稻种子消毒后播种于育苗盘中，每盘种植 20 株，置于温室中培养至三叶期。

（2）干旱胁迫处理。

①将三叶期幼苗分为 2 组，处理 7 d 后，取样测定各项指标。

②对照组。正常浇水，保持土壤含水量为田间持水量的 80%。

③干旱组。停止浇水，使土壤含水量逐渐降至田间持水量的 30%。

（二）生理指标测定

（1）叶片相对含水量测定。取叶片称鲜重（FW），浸泡 4 h 后称饱和鲜重（TW），烘干后称干重（DW）。

计算公式：相对含水量＝（FW－DW）/（TW－DW）×100％

（2）叶绿素含量测定。取叶片 0.1 g，加入 10 mL 80％丙酮，避光提取 24 h，离心后取上清液。用分光光度计测定 645 nm 和 663 nm 处的吸光度，计算叶绿素 a、b 及总含量。

（3）丙二醛含量测定。取叶片 0.2 g，加入 5 mL 10％三氯乙酸（TCA），研磨离心后取上清液。加入 2 mL 0.6％硫代巴比妥酸（TBA），沸水浴 15 min，冷却后测定532 nm和600 nm处的吸光度。

计算公式：MDA 含量＝6.45×（A532－A600）/样品重

（4）超氧化物歧化酶活性测定。取叶片 0.5 g，加入 5 mL 磷酸缓冲液（pH 7.8），研磨离心后取上清液。加入反应液（含 NBT、核黄素等），光照 20 min 后测定560 nm处的吸光度。以抑制 NBT 光化还原 50％为一个酶活性单位。

（三）数据分析与评价

（1）耐旱性综合评价。根据各项指标数据，采用加权评分法或主成分分析法对品种耐旱性进行综合评价。

（2）撰写评价报告。内容包括实验方法、数据统计、耐旱性评价、品种改良建议。

五、 考核标准

本技能满分 100 分，合格标准要求达到 80 分。

（1）实习操作（60 分）。

（2）数据记录准确性（20 分）。

（3）数据分析（20 分）。

六、 作业布置

根据本实习项目结果，选择 1 个苗期耐旱性较差的酿酒水稻品种，提出其耐旱性改良方案。

综合实训六　酿酒水稻杂种优势的观察和测定

一、 实训目的

通过对酿酒水稻杂种优势的观察和性状测定，掌握酿酒水稻杂交种的特点和杂种优势现象。

二、 实训场所、 用具及材料

（1）训练场所：试验农场。

（2）实训用具：卷尺、直尺、种子袋、电子天平等。

（3）实训材料：若干酿酒水稻杂交新组合及其亲本系。

三、 实训内容

酿酒水稻杂交新组合及其亲本系按照酿酒水稻栽培实训进行规范种植。各组合的两亲本及其杂交 F_1 按株行种植，植株数量不少于 20 株。

（1）田间性状调查。每个小组调查一个组合的两亲本及 F_1 的抽穗期、成熟期、株高和有效分蘖数等田间性状表型值，将平均值记录在表 5-4 中。

（2）室内性状调查。每个小组调查一个组合的两亲本及 F_1 的穗长、穗粒数、百粒重和单株产量等重要农艺性状，将平均值记录在表 5-4 中。

（3）根据所测数据计算每个性状的中亲优势和超亲优势。

①中亲优势（超均优势）：指杂种 F_1 的产量或某一数量性状的数值高于双亲（P_1 和 P_2）的平均值，其差值与双亲平均值的比值。

$$中亲优势（\%）=\frac{F_1-（P_1+P_2）/2}{（P_1+P_2）/2}\times 100\%$$

②超亲优势：分为超高亲优势和超低亲优势。

超高亲优势：指杂种 F_1 的产量或某一数量性状的数值高于高值亲本（HP），其差值与高值亲本（HP）的比值。

$$超高亲优势（\%）=\frac{F_1-HP}{HP}\times 100\%$$

③超低亲优势：指杂种 F_1 的产量或某一数量性状的数值低于低值亲本（LP），其差值的绝对值与低值亲本（HP）的比值。

$$超低亲优势（\%）=\frac{LP-F_1}{LP}\times 100\%$$

表 5-4　酿酒水稻杂种优势测量记载表

项目	抽穗期	成熟期	株高	有效分蘖	穗长	穗粒数	百粒重	单株产量
母本								
父本								
F_1								
中亲优势								
超高亲优势								
超低亲优势								

四、 实训步骤和方法

（1）按照酿酒水稻栽培实训要求及田间规划种植酿酒水稻杂交新组合及其亲本系。

（2）分别在田间和室内调查酿酒水稻杂交新组合 F_1 及其亲本系的重要农艺性状（抽穗期、成熟期、株高、有效分蘖、穗长、穗粒数、百粒重和单株产量）表型值。

（3）计算每个性状的中亲优势和超亲优势。

五、 考核标准及配分

本技能满分 100 分，合格标准要求达到 80 分。

（1）按照要求种植酿酒水稻杂交新组合及其亲本系，20 分。

（2）正确有序调查各个农艺性状，40 分。

（3）掌握并计算中亲优势和超亲优势，40 分。

六、 作业

完成一份关于酿酒水稻杂交新组合杂种优势调查的实训报告。

综合实训七　酿酒水稻考种

一、 目的要求

了解水稻育种材料室内考种的意义与方法。

二、 材料及用具

（1）材料：成熟的水稻植株。

（2）用具：直尺、电子天平、三角盘、铅笔、考种表等。

三、 内容和方法

（一）内容说明

田间调查和室内考种是评价作物育种材料的重要环节，是选择的重要依据。田间调查的项目主要有作物物候期、抗逆性、抗病性和植株形态特征等重要农艺性状的调查。室内考种是田间调查的继续，所考察性状多为植株完全成熟以后才得以表现或固有的性状，主要是穗部和籽粒性状。田间调查和室内考种的对象包括原始材料圃、杂种后代选种圃、品系比较试验圃及区域试验和生产试验等，不同对象田间调查和室内考种的项目和内容又各有侧重。

（二）方法步骤

1. 田间调查项目及标准

（1）播种期：播种灌水当天的日期。

（2）出苗期：幼苗现青，全区 2/3 幼苗第一片真叶露出 1～1.5 cm 的日期。

（3）基本苗期：直播田第一次中耕后，插秧至返青后，调查每平方米实有株数。

（4）耐寒性：根据保苗率高低和幼苗生长速度分强、中、弱 3 级。

（5）移栽期：移栽当天的日期。

（6）抽穗期：全区 50%的稻穗已露出叶鞘的日期。

（7）齐穗期：全区 80%的稻穗已露出叶鞘的日期。

（8）成熟期：95%以上稻穗呈现本品种固有颜色，谷粒已达用指甲不易压碎的程度，并且有 80%以上稻穗去壳后观察糙米已为玻璃质的日期。

（9）收割日期：收割当天的日期。

（10）活动积温：统计从播种第二天到成熟期的活动积温。

（11）生育天数：从出苗到成熟的天数。

（12）植株高度：插秧田株高量法是每小区取具有代表性的 10 穴，量每穴中最高的植株作为代表，然后取 10 穴的代表植株株高平均值作为小区的株高。直播田株高量法是在有代表性的 1 m^2 内取 10 株求其株高平均值，在齐穗后一周调查，从地面量至穗顶端（不包括芒），以 cm 为单位。

(13) 整齐度：目测植株生长的整齐度，分整齐、中等、不整齐 3 级。

(14) 倒伏性：目测记载倒伏日期、原因、程度、面积。

①倒伏日期：记载倒伏当天日期。

②倒伏程度：分 4 级，白植株倾斜度不超过 15°；斜植株倾斜度为 15°～45°；植株倾斜 45°以上；植株茎秆触地。

(15) 病害调查：

①稻瘟病。穗颈瘟（包括枝梗瘟）于成熟后调查记载。叶瘟一旦发病随时记载，根据发病程度可分别记为无（无病）、轻（受害 5%以下）、中（受害 10%左右）、重（受害 20%以上）。

②叶枯病。记载发病时期及发病程度，可分别记为无、轻（小区稻株有 1/5 叶发生明显病斑）、中（植株上很多叶片有病斑，并有 1/5 叶片枯死）、重（多数叶片枯死）。

(16) 虫害调查：调查有无负泥虫、稻摇蚊、潜叶蝇等虫害发生，记明发生时期、危害程度。

2. 室内考种

插秧田于第二行或第三行取样 5 穴，直播田在第二、第三行中划出 0.5 m，取其全部植株，共 3 次重复，测定以下项目。

(1) 穗长：穗至颈顶（不包括芒）的长度，计算平均值（一般每个品种 30 穗即可），以 cm 为单位。

(2) 一级枝梗数：主穗一级枝梗数。

(3) 每穗粒数：包括每穗上的实粒及不实粒，取其样本的平均值。

(4) 穗数：计算样本有效穗数平均值，其中 5 粒以下的为无效穗，不予计算（穗数以公顷为面积单位计算）。

(5) 分蘖率：分强、中、弱 3 级。

(6) 不实率：不实率＝平均每穗粒数÷完全空壳×100%。

(7) 千粒重：各重复中随机取样 1 000 粒（半饱以下的不计）测 3 次取平均值，误差不得大于 0.5 g。

(8) 腹白大小：观察腹白占米粒体积的大小，分无、小、大 3 级。

(9) 米质：根据腹白大小、色泽、糙米率及碎米多少综合评定，分上、中、下 3 级。

(10) 有无芒及芒色。

(11) 小区实收面积。

(12) 小区产量。

(13) 每公顷产量。

（14）平均每公顷增产百分比。

四、 实训步骤方法

（1）学会田间调查项目及标准。

（2）掌握室内考种项目及标准。

五、 考核标准及配分

本技能满分 100 分，合格标准要求达到 70 分。

（1）掌握酿酒水稻室内考种方法，60 分。

（2）能分析处理数据资料，40 分。

六、 作业

完成酿酒水稻室内考种报告。

综合实训八　水稻种子生产计划的拟订

一、 实训目标

清楚生产计划应包括的内容，掌握合理的生产计划编制方法。通过参与公司种子生产的准备工作，能够制订较为合理的农作物种子生产计划，为将来指导酿酒水稻种子生产奠定基础。

二、 训练场所、 用具及材料

（1）训练场所：作物育种实训室。

（2）用具及材料：近年制订的种子生产计划及近年所有与生产有关的数据。

三、 实训内容

（一）生产计划内容

在符合种植原则的前提下，编制生产计划应包括以下内容：

（1）生产任务和目标作物种类，品种名称、种植面积、产量要求，质量要求。

（2）生产基地及人员涉及承包合同的基地应提前完成合同签订工作，确保种植面积，安排管理责任人及生产责任人，并明确各责任人在生产中的义务和责任。

（3）种植制度前后茬之间的衔接等，留足备耕的整地时间。

（4）所需农业生产资料本季生产用到的种子、农药、肥料、农具、农膜等农业生产资料的大概规格与数量。

（5）田间管理方案一般包括从种到收的全过程，主要有以下方面：

①整地。包括整地时间、质量要求、农机具类型及规格等。

②播种。包括播种时间、播种量、播种机械、株行距。

③肥水管理。包括施肥时期、肥料名称、肥料用量、施用方法、排灌安排。

④病虫草害防治。包括主要预防对象，可能发生的时期，农药名称、喷施器具等。

⑤中耕管理。包括中耕除草、培土作业的时间与次数，植株管理的大概次数与时间，调节剂使用等。

⑥收获。包括预计收获的时间、收获机械与人工安排。

⑦质量保证。包括测产与检测。

生产计划的制订能适应环境因素的变化。生产计划的制订需要参与生产工作的各部门相互协调完成。

（二）生产计划的表现形式

（1）条文式：把生产计划分成若干部分，通过文字叙述的方式逐一阐明。

（2）表格式。

（3）文字表格兼有式。

（三）书写格式

一般由三部分组成，即标题、正文和结尾。

（1）计划的名称、内容、单位和执行计划的有效期：如“宜宾学院农学专业 2025 年玉米制种田生产计划”。

（2）正文由前言、主题和末尾三部分组成。

①前言。写明生产计划的制订依据和总体目标任务（开展什么工作、解决什么问题、达到什么效果等）。

②主体。写明计划期内应完成的具体任务和达到的具体目标。

③末尾。讲清楚完成任务需要做的具体工作，如何做，分几个步骤完成，时间要求及分工等。

（3）结尾写明计划人和日期。

四、 实训步骤和方法

(1) 分析实际生产计划案例。以往年某生产计划为案例，分析生产计划编写的形式、内容和优缺点。

(2) 设定生产项目并制订生产计划。根据基地实际情况，拟订本次实训的生产计划。

五、 考核标准及配分

本技能满分 100 分，合格标准要求达到 80 分。

(1) 整理原始数据资料，60 分。

(2) 能分析处理原始数据资料，20 分。

(3) 根据分析结果，设定生产项目并制订生产计划，20 分。

六、 作业

完成一份当年水稻种子生产计划。

第六章　酿酒糯稻品种选育综合实训

综合实训一　酿酒糯稻特征特性的识别

一、实训目的

让学生了解酿酒糯稻生产的意义，了解糯稻对酒质的影响，掌握酿酒糯稻的特征特性，明确酿酒糯稻品种审定标准。

二、实训场所、用具及材料

（1）训练场所：实训室。

（2）用具及材料：多媒体设备，《四川省水稻品种审定标准（2022 年修订）》、《酿酒专用粮糯稻绿色生产技术规程》DB5115/T 31—2020 等资料。

三、实训内容

（一）酿酒糯稻生产意义

传统多粮浓香型白酒生产使用的原料中高粱占比 36%、大米占比 22%、糯米占比 18%、小麦占比 16%、玉米占比 8%。酿酒原料中的淀粉含量及直、支链淀粉的比例直接影响发酵过程中酶类对其的水解速率及微生物对水解产物的利用率，粮食中各类物质成分的含量直接影响原酒的质量，因此，控制原料种类及成分，使其达到酿造过程所需的最佳配比，运用科学的酿造工艺，方能酿造出美味的佳酿。已有研究表明，针对多粮浓香型白酒厂对酿酒粮食的选用要求，选用原料中的各类物质协调且淀粉含量高于普通酿酒粮食（特别是支链淀粉含量较高）的酿酒专用粮食，相对于普通酿酒粮食，酿酒专用粮窖内发酵过程中淀粉和还原糖利用率均优于普通粮食，且后期利用酸类和乙醇合成呈香呈味物质能力更强，出酒率和优级率分别提高 1.5%和 6%。总之，酿酒专用粮食在提高多粮浓香型白酒的品质上效果明显。因此，提高酿酒糯稻淀粉含量、提高酿酒糯稻支链淀粉占比，协调酿酒糯稻蛋白质和脂肪等物质含量，选育出酿酒专用糯稻，对提高多粮型白酒的出酒率和优级率有重要意义。

近年来，为保障酿酒原料的质量和品质，宜宾市大力建设酿酒专用粮基地，生产包括酿酒糯稻在内的酿酒专用粮，对酿酒专用粮实施溯源管理。《四川省水稻品种审定标准（2022 年修订）》对糯稻和酿酒稻规定了审定指标，2020 年制定了《酿酒专用粮糯稻绿色生产技术规程》DB5115/T 31—2020，此外，为加强酿酒专用粮产业发展，宜宾市成立了酿酒专用粮创新团队，部分成员专职从事糯稻种质资源创制及新品种选育和酿酒水稻新品种生产与品种示范推广。总之，包括糯稻在内的酿酒专用粮的品种选育、绿色安全生产得到政府和企业的大力重视。

（二）酿酒糯稻品质特征

1. 糯稻品质对酒质的影响

糯稻属于亚洲栽培稻（*Oryza sativa* L.），其胚乳中的淀粉以支链淀粉为主，直链淀粉含量极低（<2.0%），具有胶稠度软、黏度大、不易回生等特点。糯米作为酿酒的重要原料，淀粉中 95%以上为支链淀粉，由于它形状不规则，分子排列比较疏松，因而吸水快，容易蒸煮糊化，黏性大，糖化发酵效果好，酒液清，残酒糟少，出酒率高，淀粉糖化酶对支链淀粉的分支点不易完全切断，发酵后在酒中残留的糊精和低聚糖较多，使酒质醇厚甘润。因此用糯米酿酒杂味少、酒味绵甜。

2. 酿酒糯稻品质特征

糯稻是酿造多粮浓香型白酒的主要原料之一，对形成多粮浓香型白酒独特口感具有重要作用。不同地区的糯稻和不同品种的糯稻，其成分含量也不同，糯稻原料的优劣与浓香型白酒的品质风味息息相关。

糯稻中淀粉的构成直接影响着糯谷品质的好坏和产量的高低。淀粉主要从淀粉的含量、淀粉的构成（直链淀粉、支链淀粉的比例）、支链淀粉的精细结构三个方面决定糯稻的产量和品质。淀粉的含量高则蛋白质含量相对低，酿酒时产生的杂质少，口感好。支链淀粉所占比例高，直链淀粉少或无，则糯谷糯性越好，品质越好。酿酒时，支链淀粉产生糊精和多聚糖残基，使酒的味道甜而醇厚，增加酒的风味。淀粉颗粒由结晶区与非结晶区（无定型区）两部分组成。结晶区淀粉之间由氢键连接，为紧密区，由直链淀粉构成；非结晶区为稀疏区，由支链淀粉构成；支链淀粉可穿过两类区域，使两部分界线不明显。淀粉的精细结构决定了糯米的密度、膨胀性等；糯米的密度低而膨胀性小。

《四川省水稻品种审定标准（2022 年修订）》规定了糯稻直链淀粉含量低于 2.0%。五粮液专用糯稻优选籽粒短圆的粳糯，具有总淀粉（干基）含量高（淀粉几乎为支链淀粉，接近 100%）、蛋白质和脂肪含量适中、胶稠度高、易蒸煮糊化糖化等品质特性，经蒸煮后，质软性黏，有利于改善物料的物理结构和呈现甜味，蒸煮中糊化更为彻底，丰富酒体风味，具有优雅、醇正、回甜的酒味特征。一般而言，酿酒糯米要求直链淀粉含量低于2.0%，蛋白质含量5.6%左右，脂肪含量少，粳型糯稻籽粒通体乳白色、有光泽、吸水力强、淀粉粒易酶解。

四、实训步骤方法

(1) 了解酿酒糯稻生产的意义。

(2) 了解糯稻品质对酒质的影响。

(3) 掌握酿酒糯稻品质特征。

五、考核标准及配分

本技能满分100分，合格标准要求达到80分。

(1) 酿酒糯稻生产的意义，20分。

(2) 了解糯稻品质对酒质的影响，20分。

(3) 酿酒糯稻品质特征，60分。

六、作业

结合酒厂对糯稻品质的要求，拟定一份酿酒糯稻品种选择及生产实训报告。

综合实训二　酿酒糯稻种质资源收集与保存

一、实训目的

明确酿酒糯稻种质资源在酿酒糯稻育种工作中的作用，掌握酿酒糯稻种质资源收集、整理和保存的技术要求；能够正确进行酿酒糯稻种质资源收集、整理和保存工作。

二、实训场所、用具及材料

(1) 训练场所：种质资源丰富的地区、实训室。

(2) 用具及材料：照相机、摄像机、放大镜、卷尺、标签、原始记录卡片、记录本、铅笔、地形图、交通图、生石灰、氯化钙、硅胶、种子袋、密闭容器、铁锹、标本夹等。

三、 实训内容

（一）糯稻的起源和其在分类学中的地位

野生稻群体中没有现成的糯质野生稻，一般认为是我们的祖先在驯化野生稻的过程中发现了个别纯合的糯质稻株，经过反复选择种植而获得栽培的糯稻。

水稻的籽粒中含有直链和支链两种淀粉，糯稻因缺乏直链淀粉而有了黏性特点。糯稻的遗传突变在基因树的一个单一突变上。由于其 Waxy 基因发生突变抑制了直链淀粉形成而产生与普通的无黏性水稻不同的糯稻，早期驯化者因喜爱其黏性品质，从而把这个特殊性状保留下来。从时间上看，糯稻可能起源于古代东南亚的某一时期。

水稻按稻种分为籼稻和粳稻两个“亚种”，籼亚种为基本型，粳亚种为变异型；每个型按米质（淀粉性质、黏性大小）再分为粘稻和糯稻两个“变种”，粘稻为基本型，糯稻为粘稻淀粉粒性质发生变化而形成的变异型；区别在于它们米粒的淀粉结构不同，粘稻含70％～80％的支链淀粉、20％～30％直链淀粉，而糯稻几乎全部为支链淀粉，所以可食性、糊化温度及品质不一样。因此籼稻、粳稻都有粘稻和糯稻之分。

（二）糯稻栽培区域

我国糯稻的分布与水稻的分布是一致的，凡能种水稻的地区就能种植糯稻；但糯稻的种植与各地种植习惯等有关，糯稻种植的多少或有无与水稻种植的多少并不成比例。糯稻的种植受种植、消费习惯及民族习俗的影响，表现出明显的地域性，在云、贵等少数民族地区分布较为集中。

我国糯稻区划大致上可划分为 3 类产区 8 个糯稻区。3 类产区：籼糯产区、粳糯产区和籼糯粳糯混作产区。8 个糯稻区：华中华东单双季籼糯区、华中华东单双季籼糯粳糯混作区、华南双季籼糯区、西南单季籼糯区、西南单季籼糯粳糯混作区、东北单季粳糯区、华北单季粳糯区、西北单季粳糯区。

从地域上看，全国各地都有消费，重点是四川（酿酒、醪槽、糯米粉、汤圆）、湖北（米酒、糯米粉、汤圆、时令食品）、河南（糯米粉、汤圆）、浙江绍兴（黄酒）等。工业消费重点是浓香型白酒厂、黄酒厂、糯米食品加工等企业所在地，如四川五粮液、绍兴黄酒等。

（三）酿酒糯稻种质收集

1. 糯稻种质资源

云贵高原是我国糯稻种质资源 4 个分布密集区之一。日本学者渡部忠世提出，印度东北，泰、缅、老挝等北部和东北部，我国云南、广西、贵州的部分地区，都是以栽培糯稻为主的地带，可称为“糯稻栽培圈”。仅以贵州为例，贵州是我国重要的糯稻栽培区，拥有丰富、优异的糯稻种质资源。

保存在国家种质库的糯稻品种总计 9107 份（包括各省、市、区相互重复的品种），其中广西有 2204 份（排第一），贵州有 1770 份（排第二）。糯稻在贵州省主产于黔东南苗族侗族自治州。黔东南有 190 份地方糯稻品种，占收集的地方糯稻品种总数的 48.4%，其中籼型 58 种、粳型 123 种、未定型 9 种。

宜宾地处白酒金三角区域，处于川、滇、黔三省接合部，糯稻需求量大，民众也有种植糯稻的习惯，种质资源也十分丰富。宜宾本地珍稀名特优糯稻种质资源“宜宾大酒谷”是其中佼佼者，其提纯分株改良株系五粮大酒谷 1 号，属籼型常规糯稻品种，被大面积推广。

2. 糯稻种质资源收集

（1）查阅有关资料，确定收集地点和路线。查阅糯稻种质资源资料，如品种志、品种资料目录等，了解当地糯稻种植史，了解自然地理条件，准备考察地区的地形图和交通图。

（2）确定收集时间。酿酒糯稻种质资源收集的时间，最好是接近成熟收获期。

（3）确定收集方法。种质资源的收集必须有花和果实，及时挂标签，在标签上用铅笔写明采集时间、地点、品种名称和采集人，并记入原始记录卡片内，对全株全貌、植株形态特征、采集地点的生态环境全景和采集过程进行摄影、录像，积累图像信息资料。

3. 酿酒糯稻种质资源整理

收集的糯稻种质资源，按照统一标准，采取田间种植的形态观察鉴定与室内分析相结合的方法，进行农艺性状、品质性状及其特性的系统鉴定和整理。然后按照其原产地、亲缘关系、品种生态类型进行分类登记，并按顺序编号登记。

4. 酿酒糯稻种质资源保存

新收集种质资源通常进行短期或临时存放，便于鉴定评价，一般采用短期低温种质库，储存环境的温度应控制在 10℃以下，需阴凉、干燥、通风良好，避免阳光直射和潮湿环境。鉴定评价后的种质资源可放入冰箱中保存，以延长其保存时间。

四、 实训步骤方法

（1）查阅资料，了解糯稻起源、分类和栽培区域。

（2）查阅资料，了解当地和周边糯稻种质资源情况。

（3）分组讨论确定收集酿酒糯稻种质资源的地点、路线和方法。

（4）种质资源整理和保存。

表 6-1 糯稻种质资源收集登记表

编号	名称	别名	原产地	征集地	征集时间	种子生产年代	主要性状	备注

五、考核标准及配分

本技能满分 100 分，合格标准要求达到 60 分。

（1）了解糯稻起源、分类和栽培区域，10 分。

（2）了解当地和周边糯稻种质资源情况，10 分。

（3）参与收集酿酒糯稻种质资源过程，40 分。

（4）完成糯稻种质资源保存，40 分。

六、作业

完成糯稻种质资源的考察路线、收集方法、整理方法和储藏方式实训报告。

综合实训三　酿酒糯稻种质资源的 SSR 遗传多样性分析

一、实训目的

了解糯稻种质资源鉴定的必要性，掌握 SSR 引物检测糯稻种质资源的方法，掌握种质资源聚类分析的方法。

二、实训场所、用具及材料

（1）训练场所：实训室。

（2）用具及材料：实验室保存的糯稻资源、SSR 引物、PCR mix、聚丙酰胺凝胶电泳槽、电泳仪、聚丙酰胺凝胶、TBE 缓冲液、CTAB、试管、PCR 板、PCR 仪、离心机、移液器等。

三、 实训内容

（一）糯稻种质资源鉴定的必要性

自 20 世纪 80 年代以来，由于杂交水稻大力推广，糯稻种植面积不断缩小，加上糯稻品种抗病性差、易倒伏和产量低等原因，大量糯稻品种被淘汰，部分优良的变异类型在这个过程中丢失，使糯稻资源遗传多样性逐渐降低，面临因亲缘关系相近而易遭受病虫害威胁的危险。因此，育种工作者应挖掘优异基因，收集、保存具有丰富遗传基础的种质资源，同时引进国内外优异的稻种资源，拓宽糯稻资源的遗传基础。同时，糯稻遗传多样性和品种间的亲缘关系尚不清楚，糯稻品种选育时亲本组配具有盲目性，探清糯稻种质资源的亲缘关系，对指导糯稻品种选育具有重要意义。SSR 标记因其稳定、多态性好、成本低等优点，已广泛应用于水稻种质资源的遗传多样性和亲缘关系研究。

（二）糯稻种质资源 DNA 提取、PCR 扩增和电泳

实验室保存的糯稻资源，在室内发芽至 3 叶期取鲜嫩叶片，利用 CTAB 法提取基因组 DNA。利用均匀分布在水稻 12 条染色体上的 50 对左右 SSR 引物进行分子标记检测，SSR 引物由上海生工等合成。

PCR 扩增采用 10 μl 体系，各组分按试剂说明进行，PCR 反应程序：94℃ 预变性 5 min，94℃变性 30 s，58℃退火 30 s，72℃延伸 30 s，35 个循环，最后 72℃ 延伸10 min，4℃保存。反应产物经 10%非变性聚丙烯酰胺凝胶电泳检测。

（三）数据统计与分析

根据电泳结果，统计 SSR 电泳的多态性条带，在相同迁移位置上有条带记为“1”，无条带的记为“0”，缺失记为“9”，利用 Excel 统计整理数据。

用 Popgene 32 进行统计分析，得到等位基因数（*Na*）、有效等位基因数（*Ne*）、Shannon 信息指数（*I*）和 Nei’s 基因多样性指数（*H*）。

利用 NTSYS-pc 中 similarity 的 qualitative data 程序计算出种质间的 Nei’s 遗传相似系数进行 UPGMA 聚类分析。

四、 实训步骤方法

（1）了解糯稻种质资源鉴定的必要性。

（2）掌握糯稻 DNA 提取、PCR 反应、聚丙烯酰胺凝胶电泳方法。

（3）掌握电泳条带读取和数据统计与分析。

五、 考核标准及配分

本技能满分 100 分，合格标准要求达到 80 分。

（1）糯稻种质资源鉴定的必要性，20 分。

（2）糯稻 DNA 提取、PCR 反应、聚丙烯酰胺凝胶电泳方法，40 分。

（3）电泳条带读取和数据统计与分析，40 分。

六、 作业

完成糯稻种质资源遗传多样性分析实训报告。

综合实训四 酿酒糯稻种质资源的创制

一、 实训目的

让学生了解诱变育种在酿酒糯稻种质资源创制中的重要作用，掌握 EMS 诱变方法，掌握糯稻突变体的鉴定方法。

二、 实训场所、 用具及材料

（1）训练场所：实训室、试验农场。

（2）用具及材料：EMS、当地推广的粘稻品种及其 EMS 诱变 M_2 材料、种子袋、小刀、$KI-I_2$、电子天平等。

三、 实训内容

（一）EMS 诱变

将当地推广的粘稻品种 2 000 粒种子用自来水彻底清洗，随后在室温下浸泡 24 h。接下来，将种子浸泡在 0.5%（V/V）EMS 溶液中，在室温条件下置于摇床以 140 r/min 摇动处理 18 h。处理结束后，将种子在自来水中冲洗 24 h，以去除残留的 EMS 溶液。之后将种子播种于苗床上，待幼苗生长 25 d 后移植至大田。正常田间管理，观察成活率，整个生育期农艺性状等，收获时种子混收供来年使用。

（二）M_2 代糯稻鉴定筛选

糯性突变性状一般受隐性单基因控制，糯性具有较高的突变频率，很容易通过诱变获得。

EMS 诱变 M_2 材料的育苗、插秧等田间管理同正常生产管理。种子成熟后按株系收获晒干，一半种子出糙去壳。首先在 M_2 糙米群体中肉眼挑选胚乳呈乳白色、不透明、蜡质状糙米粒；其次用小刀轻轻地将入选糙米粒从远胚端 1/3 处横切，将不具胚端切口蘸取 1% $KI\text{-}I_2$ 溶液，根据淀粉与碘化钾溶液的显色反应原理，筛选鉴定可能的糯质基因突变体。

四、 实训步骤方法

(1) 利用 EMS 试剂对当地推广的粘稻品种进行化学诱变。

(2) 诱变当代及 M_2 种子按照糯稻生产正常育苗、插秧、田间管理和收获。

(3) 通过肉眼和 $KI\text{-}I_2$ 溶液筛选鉴定糯质基因突变体。

五、 考核标准及配分

本技能满分 100 分，合格标准要求达到 80 分。

(1) 掌握 EMS 诱变处理种子的过程，20 分。

(2) 参与 M_1 和 M_2 的田间栽培和管理，20 分。

(3) 通过肉眼和 $KI\text{-}I_2$ 溶液筛选鉴定糯质基因突变体 1～2 个，60 分。

六、 作业

完成酿酒糯稻种质资源创制综合实训报告一份。

综合实训五 糯稻品种的引进与选用

一、 实训目的

让学生掌握糯稻品种的选用与引进，了解品种购买原则。

二、 实训场所、 用具及材料

(1) 训练场所：电脑室。

(2) 用具及材料：网络。

三、 实训内容

（一）引进

全国糯稻品种虽然较多，但从面积规模上讲，糯稻是个小品种，在各地的主要农作物主导品种中很少出现，要选择综合性状优良且符合当地生产需要的品种却较难，可供选择的余地不大。所以，糯稻品种的引进、选用、购买，既要放开视野，在更大范围内去选择，又要因地制宜，讲究科学，尊重法律。有效地选用优良品种、促进生产发展。

从外地引进是更新品种的重要途径，但须遵循引种规律。

（1）引进同纬度的生态适应性相近的品种。

（2）不同纬度地区之间引种时则要注意其生育期长短及生育性状的变化，在栽培上作出相应的调整。

从南到北温度由高变低，日照由短变长，所以南种北引会延迟成熟，要考虑安全齐穗问题；北种南移将提早成熟，营养生长期缩短，要考虑能否高产问题。一般来说，同纬度同海拔引种，以及北方晚熟种引到南方，南方早熟种引到北方，成功的可能性较大。纬度相近而海拔不同地区之间引种，一般由低向高处引种，生育期延长，宜引用早熟品种；由高向低处引种，生育期缩短，引种迟熟品种为宜。引种感光性弱的品种时，应着重考虑当地生长季节中有效积温能否满足发育的要求；引用感光性强的品种时，应着重考虑当地糯稻生长季节中光照条件能否满足生长发育的需要。基本营养生长性强的品种，适应性较大，远距离引种较易成功。

总之，不同纬度地区之间引种时，同一品种从南方引到北方种植，生育期延长、产量变高、米质变优；从北方引到南方种植，则生育期缩短、产量变低、米质变劣。

（3）因地制宜，从当地的积温、降水情况、栽培水平、土壤肥力、水资源情况、病虫害发生等多方面考虑来选择良种，做到种尽其用，地尽其力。

（二）选用

正确选择品种是满足酿酒糯稻品质要求、高产、稳产的关键。

评价酿酒糯稻品种好坏，关键有 4 个方面：一是酿酒品质，要求直链淀粉含量低于 2.0%，蛋白质含量 5.6%左右，脂肪含量少。二是熟期适宜，熟期主要包括生育期、主茎叶片数、生长发育期间所需活动积温 3 项指标。要根据当地无霜期和有效积温选择早、中、晚熟品种，既不要选用过早熟品种，又不能选用超晚熟品种。三是产量高、丰产性好，要求分蘖力较强，株型紧凑，成穗率高，穗形偏大，着粒密，结实率较高。糯稻产量的高低还取决于单位面积的穗数和每穗总粒数，穗形过小，不可能高产，穗形过大，易导致结实率偏低；宜选用穗粒并重型品种，并尽可能选择可安全成熟且生育期相对较长的品种，以充分利用温光资源。四是抗逆性强，稳产性与适应性好，植株高度适中、秆壮耐肥抗倒，适应性广，综合抗性较好，在不同肥力水平均易获得高产。应根据当地病害发生情况选择抗病性强的品种，稻瘟病病区要选择对稻瘟病抗性强的品种，早糯要选择耐寒特性突出的品种。

（三）购买

糯稻种子市场既琳琅满目，又鱼目混珠，正确购买种子十分重要。首先，购种要求到正规、大型种子商店购买种子，经销商必须具备种子质量合格证、种子经营许可证和营业执照，并索要发票。其次，必须购买正式审定推广的优良品种。未审定的品系只能做小面积试验，不可大面积种植。最后，要注意种子包装，上面应标注品种名称、品种特性、适应范围、注意事项、产地、种子生产许可证编号、品种审定编号、种子经营许可证编号、质量指标、检疫证号、净含量、生产日期、生产商名称、生产商地址、联系方式等。

四、 实训步骤方法

（1）通过互联网查询酿酒糯稻引进原则，品种选用标准和购买注意事项。

（2）通过 CNKI、中国种业大数据平台等途径查询并选用 2～3 个可能适合当地引种和选用的酿酒糯稻品种。

五、 考核标准及配分

本技能满分 100 分，合格标准要求达到 80 分。

（1）掌握酿酒糯稻引进原则，品种选用标准和购买注意事项，50 分。

（2）查询并选用 2～3 个可能适合当地引种和选用的酿酒糯稻品种，50 分。

六、 作业

完成酿酒糯稻引进和选用的实训报告，并实际筛选出 2～3 个可能适合当地引种和选用的酿酒糯稻品种。

综合实训六　酿酒糯稻杂交育种

一、 实训目的

通过参观和练习，使学生了解酿酒糯稻回交和杂交育种的全过程，掌握糯稻育种的主要环节。

二、 实训场所、 用具及材料

（1）训练场所：试验农场。

（2）用具及材料：选育糯稻的基本材料：糯稻 P_1、非糯性优良品系 P_2 及其杂交 F_1、自交 F_2、自交 F_3、回交 BC_1 和回交 BC_2；自交袋、剪刀、尖头镊子、酒精盒、脱脂棉花、70%酒精、曲别针、订书机、吊牌等。

三、 实训内容

（一）糯稻杂交育种

糯稻杂交育种就是应用杂交方法选育优良的糯性品种。

1. 糯稻和糯稻配组

水稻糯性性状主要受一对隐性基因控制，在杂交育种中，若是糯稻和糯稻配组，其后代糯性不分离，可直接进行其他性状的选择。

2. 糯稻和粘稻配组

（1）自交选育。在糯稻和粘稻配组的 F_1 植株籽粒上（F_2）即产生糯性性状分离，可直接对其进行选择。糯性杂交材料的筛选，多采用脱壳选糯法，利用在非糯稻和糯稻配制的杂交组合中，F_1 植株籽粒上（F_2）按粘糯 3∶1 的比例分离的原理，收取“粘×糯”（或糯×粘）F_1 植株的穗上所结的谷粒（F_2 种子），干燥后用小型电动出糙机脱壳成糙米，凭粘、糯粒胚乳的透明度和色泽，用肉眼区分出粘、糯粒，从而剔去粘粒，留下表现为隐性性状的糯粒，然后直接用糯粒播种、选育。这样，在 F_2 就淘汰了 3/4 的个体，使杂交后代的选育既节省了劳力、土地，又扩大了专门选育糯稻的群体；并且在剔除粘粒时，可同时观察糯粒的外观品质，进行留优弃劣。

（2）回交选育。也可采用糯稻和粘稻的优良品系杂交，粘稻的优良品系做轮回亲本，回交 3～4 代，每代均选择具有糯性（脱壳选糯法）的植株与粘稻回交，经选育，便可获得具有优良性状的同型糯稻品系。

（二）糯稻自交/回交后代的性状观察

（1）由指导教师带领观察糯稻和非糯性优良品系，以及其杂交 F_1、自交 F_2、自交 F_3、回交 BC_1 和回交 BC_2 各世代性状的变化，并对回交 BC_1 和回交 BC_2 进行回交。

（2）种子收获后，对杂交 F_1 植株上的种子（F_2）、回交 BC_1 和回交 BC_2 植株上的种子进行脱壳选糯，观察粘糯分离比。

四、 实训步骤方法

(1) 掌握糯稻杂交育种的配组方法;

(2) 掌握糯稻杂交和回交育种的原理;

(3) 掌握糯稻品种选育过程。

五、 考核标准及配分

本技能满分100分，合格标准要求达到80分。

(1) 糯稻杂交育种的配组方法，30分。

(2) 糯稻杂交和回交育种的原理，30分。

(3) 糯稻品种选育过程，40分。

六、 作业

通过参观和实际操作，用文字简述利用杂交育种选育酿酒糯稻的过程。

综合实训七 酿酒糯稻苗期稻瘟病抗性鉴定

一、 实训目的

熟悉水稻苗期稻瘟病的症状特征，学习和初步掌握水稻苗期稻瘟病抗性鉴定技术。

二、 实训场所、 用具及材料

(1) 训练场所：实训室。

(2) 实训用具：酵母淀粉琼脂培养基、高粱种子、高压灭菌锅、超净工作台、酒精灯、恒温培养箱、三角瓶（或茄子瓶）、培养皿、接种环、搪瓷盆、纱布、显微镜、载玻片、盖玻片、搪瓷盘、普通专用喷雾器或医用喉头喷雾器、医用皮下注射器、橡胶管和保温、保湿的遮阴设备等。

(3) 实训材料：抗病对照品种和感病对照品种各一个以及收集的糯稻种质资源、实验保存的从当地收集分布广、致病力强的主要稻瘟病菌的代表性生理小种若干个。

三、 实训内容

（一）糯稻稻瘟病

水稻稻瘟病是一种世界性的真菌病害，被列为水稻三大病害之首。水稻稻瘟病具有传播快、发生范围广、流行频率高、灾变严重等特点。在我国水稻各稻区常年均有不同程度的发病，给水稻生产带来极大的损失。

稻瘟病在水稻整个生育阶段皆可发生，具有为害时间长、侵染部位多和症状多样性等特点。按其为害时期和部位的不同，可分为苗瘟、叶瘟、节瘟、穗颈瘟和谷粒瘟，其中穗颈瘟对产量的影响最大。稻株容易感病的生育期是四叶期、分蘖期和抽穗期。

品种是稻瘟病发生和流行的基础。稻瘟病菌群体大、繁殖快，其高度的变异性使新的生理小种不断更替出现，导致选育的高抗品种很容易丧失抗性。因此，必须坚持长期研究病原菌的变化，并不断地选育新的抗病品种。

温度和湿度是影响稻瘟病发生流行的主要环境条件，以气温为 25～28℃对菌丝发育、分生孢子形成最为适宜，相对湿度 96%最适合病菌孢子的形成和侵入。阴雨连绵，日照不足或时晴时雨，或早晚有云雾或结露条件，病情扩展迅速。光照对孢子形成、萌发及侵入都有抑制作用，缺氧时孢子不能萌发。在饱和湿度和适温条件下，病菌侵入稻叶后经 4d 的潜育期就可出现病斑。偏施过施氮肥有利发病。放水早或长期深灌根系发育差，抗病力弱发病重。

（二）糯稻稻瘟病抗性接种鉴定

1. 菌种制备

将供试稻瘟病菌菌种各生理小种分别培养，混合接种。

2. 病原菌培养繁殖

培养方法包括一级培养繁殖和二级培养繁殖两个步骤。

（1）一级培养繁殖。采用酵母淀粉琼脂培养基培养。方法：将琼脂 10～15 g 放入 1 000 mL水中加热溶化，再加可溶性淀粉（或蔗糖）10 g，酵母 2 g，装入试管，经消毒灭菌后，取出制成斜面，接种病原菌，放在 26～28℃恒温箱中培养 10 d 左右即可取用。

（2）二级培养繁殖。将病原菌转移到大麦（或高粱）粒培养基上进行培养，扩大繁殖，用于接种鉴定。其方法是将大麦粒加水后煮到半熟状态或用水浸泡 24 h，然后倒去多余的水分，装入三角瓶内（或茄子瓶），高压灭菌，灭菌后立即将麦粒摇散防止结块。然后在无菌操作条件下接种病菌，放在 26～28℃恒温箱内培养。培养 4～5 d 时应摇动三角瓶内的大麦粒，使菌丝生长均匀。待灰色菌丝长满大麦粒并开始变黑时，用自来水冲洗大麦粒上的菌丝，随后摊放薄层于搪瓷盘中，盘上覆盖1～2层纱布以保湿，置于25～28℃变温条件下培养2 d左右，即可见到麦粒上产生大量灰色的分生孢子，就可供接种使用。扩大繁殖时，应注意搪瓷盘内的湿度不宜过高，否则只长菌丝，较少产生分生孢子。

3. 糯稻育秧

(1) 前期准备。将各供试水稻材料的种子进行粒选，各取30～40粒种子，经消毒、冲洗、催芽后准备播种。每个盘中同时安排感病和抗病品种作对照。

(2) 培育方法。在盛有肥沃泥土的搪瓷盘中育秧。幼苗2叶期定株，每个材料选留10株生长一致的秧苗。定株后酌施2～3次氮肥，最后一次施氮肥应在接种前3～4d施用，使幼苗生长嫩绿。

4. 接种

采用喷雾接种一般在3～4叶期。日平均气温25～28℃和阴雨高湿，叶面长时间(>12 h)有水珠的时期接种，最有利于发病。

将产生不同病菌小种孢子的高粱粒放入盛有自来水的烧杯中搅拌，分别配制成孢子悬浮液，用100倍显微镜检测孢子密度，平均每个视野应有孢子20～25个（孢子密度则为20～25万个/mL)。然后将不同生理小种的孢子悬浮液混合，用于接种。采用专用喷雾器喷雾接种。喷雾时要将叶片充分均匀湿润。接种后，在26～28℃下，用薄膜覆盖保湿24 h。然后移至室外，在20～30℃下保持高湿，培养7 d，进行病情鉴定。

5. 病情鉴定

一般是接种后7日即进行病情鉴定，或当感病对照品种达到高度发病时调查，并按全国《水稻稻瘟病抗病性鉴定分级标准》逐株鉴定和记载，然用加权法求其平均病级。

表6-2 苗瘟和叶瘟抗性分级标准

级别	抗性类型	症状
R	抗病	叶片上未见病斑或产生针头状或稍大褐点的病斑
M	中抗	叶片上产生圆形或椭圆形病斑，中间灰白色，边缘黄褐色，病斑大小在两叶脉之间，病斑直径在3 mm以内
S	感病	叶片上产生典型梭形病斑，中心灰白色，边缘黄褐色，病斑超过两条叶脉间的宽度

四、实训步骤方法

(1) 了解糯稻稻瘟病的危害、发病规律。

(2) 参与糯稻稻瘟病菌株接种鉴定过程。

五、 考核标准及配分

本技能满分 100 分，合格标准要求达到 80 分。

(1) 了解糯稻稻瘟病的危害、发病规律，20 分。

(2) 全程参与糯稻稻瘟病菌株接种鉴定过程，40 分。

(3) 对照抗性材料和敏感材料鉴定结果准确，40 分。

六、 作业

完成一份酿酒糯稻稻瘟病菌株接种和抗性鉴定实训报告。

综合实训八 酿酒糯稻品种的种性保持

一、 实训目的

了解酿酒糯稻种性混杂退化的表现与原因，掌握其提纯复壮技术。

二、 实训场所、 用具及材料

(1) 训练场所：实训室及实训农场。

(2) 用具及材料：酿酒糯稻推广常规品种或杂交种的亲本材料，米尺、天平、羊皮纸袋、曲别针、纸牌、铅笔等。

三、 实训内容

糯稻特别是常规糯稻（包括杂交糯稻的亲本），由于种植年限长，容易出现混杂退化现象。加强提纯复壮，是保持糯稻品种种性的重要内容。

(一) 酿酒糯稻种性混杂退化表现与原因

糯稻种性混杂退化表现。生长高矮不整齐，容易倒伏，穗变小，粒子变稀，抗病力减弱，易落粒，成熟不一致，米质变差，出米率减少和出现红米等，总的趋势是产量降低，品质变劣。

糯稻种性混杂退化原因。机械混杂，在收获、脱粒、运输、保管、晒种等生产过程中造成品种的机械混杂。混杂后，良种种性不纯，个体间出现明显的差异，也能给自然杂交造成一种机会，出现更大的变异。自然杂交，水稻虽属自花授粉作物，但有 2%～4%异交率，如果出现机械混杂或附近种有其他水稻品种，开花期就会进行自然杂交，造成不同品种间的生物混杂，产生各种分离个体，使优良品种严重退化。自然突变，自然界物种的稳定是相对的，变异是绝对的，糯稻品种的自然突变时刻发生，特别是在胁迫环境中，基因突变概率加大，不利突变累积将导致品种退化，从而改变原来的种性。

（二）酿酒糯稻品种或亲本提纯复壮技术

酿酒糯稻品种提纯复壮技术主要有两种：

（1）一是片选法，在品种纯度较高的糯稻生产田或种子田进行。片选田块越早确定越好，以便注意防止混杂和加强田间管理，最晚在抽穗后成熟前，选择整齐一致无病虫的田块，进行去杂去劣，拔除病株、劣株，成熟后单收、单打、单藏，即作为下年用种。

（2）二是穗选法，一般于糯稻成熟收割前，在品种纯度较高、栽培管理水平较好的田块进行。根据品种特征特性，选择典型穗，防止见大穗就选的倾向。选出的穗风干脱谷后，妥善保管备用。

通过片选、穗选的种子，室内品质检测后不够生产用种应扩大繁殖，选择条件较好的地段做种子田，一个品种应连片种植，附近的田块也应种植同一品种，以减少天然杂交和机械混杂。扩大繁殖时仍需要在生育期间进行去杂去劣，加强田间管理，单收单脱。

四、 实训步骤方法

（1）在室内查阅酿酒糯稻种性混杂退化表现与原因。

（2）在实训农场，每个小组学生完成 10m^2 去杂去劣，拔除病株、劣株等提纯复壮技术，同时对管理收获等过程。

五、 考核标准及配分

本技能满分 100 分，合格标准要求达到 80 分。

（1）掌握酿酒糯稻种性混杂退化表现与原因，40 分。

（2）参与并掌握提纯复壮技术操作，60 分。

六、 作业

完成酿酒糯稻品种提纯复壮实训报告。

第七章　酿酒稻栽培技术综合实训

综合实训一　酿酒稻播前准备、土壤耕整

一、实训目的

本实训旨在使农学本科专业学生全面了解并掌握酿酒水稻的播前准备和土壤耕整技术，通过实践操作加深对水稻种植基础理论的理解，提升解决实际问题的能力，培养科学严谨的农业实践态度和团队合作精神，为将来从事农业科研、技术推广和农业生产管理等工作打下坚实基础。

二、实训场所、用具及材料

（1）训练场所：试验农场。

（2）用具及材料：锄头、微耕机、配套农机具、肥料、农药、盆、桶、秤、田间记录本等。

三、实训内容

稻田耕整作业是水稻生产中不可或缺的基础操作管理环节，它涉及对稻田土壤、杂草及水分的精细人工调控，旨在为水稻生长发育构建一个理想的温、光、水、气、肥等环境条件体系。高产水稻的栽培对稻田条件有着严格的要求，主要体现在以下几个方面：

首先，稻田需具备恰当的耕深。理想的耕作层应表现为肥厚松软、质地适中（既不偏沙质也不过于黏重），并具备良好的通气性能。耕深过深，可能导致土壤表层浮泥过多，这不仅会增加漂秧的风险，还会使得秧苗难以稳固扎根，延迟生长发育，甚至导致秧苗生长不良，同时也会给后续的机械作业带来不便。相反，耕深过浅则会使秧苗扎根变得困难，根系分布层过浅，容易引发早衰和倒伏现象，影响水稻的产量和质量。

其次，稻田土壤中需含有适量的有机质。有机质是土壤肥力的重要组成部分，它能显著提升土壤的保水、保肥以及调气功能。有机质丰富的土壤能够更好地调节土壤养分的供

应种类、时间、效率和水平，为水稻生长提供持续而稳定的养分支持。此外，富含有机质的土壤中栖息着大量的有益微生物菌群，如固氮菌、硝化细菌、氨化细菌等，这些微生物的活动能够显著改善土壤的理化结构，促进土壤养分的转化和循环，为水稻的健壮生长奠定坚实基础。

综上所述，稻田耕整作业通过精细的土壤管理，为水稻生产创造了优越的生长环境，是实现水稻高产稳产的重要保障。在实际操作中，应根据稻田的具体条件和水稻的生长需求，科学合理地制订耕整方案，确保稻田达到最佳的耕作状态。

（一）播种前材料的准备

在播种前，需要将所有必需的材料准备齐全，以确保播种作业的顺利进行。

（二）播前检查

在播种前，进行全面的检查是至关重要的。这包括农机具的安装与检查，确保所有农机具都处于良好的工作状态，各部件安装正确，紧固可靠，避免在播种过程中出现机械故障。同时，需要对田间水分进行检查，确保土壤湿度适宜，既不过干也不过湿，以保证种子的正常发芽和生长。此外，还需检查田间的杂草情况，及时清除杂草，避免其与水稻竞争养分、水分和光照，影响水稻的正常生长发育。通过细致的播前检查，可以最大限度地减少播种过程中的潜在风险，为水稻的高产稳产奠定坚实基础。

（三）稻田耕整

1. 稻田选择

酿酒专用水稻的秧田选择标准较高，主要遵循以下原则：秧田应选在交通方便、水源优质、土质良好、杂草少，无病原的区域，以确保稻谷的生长环境和品质。具体来说，秧田应具备浅脚、向阳、肥力中上、杂草少的特点，避免选择深、冷、瘦田作为秧田。这样的选择标准有助于培育出健壮的秧苗，为后续的酿酒过程奠定良好的基础。同时，秧田的管理也至关重要，包括合理施肥、精细耕作、适时灌溉等，以确保稻谷的茁壮成长。

对于酿酒专用的高产水稻而言，要求具备较深厚的耕作层，以及蓄水、保肥与供肥能力，这是实现高产的基础。通过一系列精细的土壤管理步骤，包括彻底的耕翻、科学施用基肥、细致的耙地处理，旨在营造一个深松平软、水肥气热协调平衡的土层环境。这样的土层不仅能为水稻活棵后的早期快速生长提供有力支持，还能有效提升水稻的整体生长态势与产量潜力。

稻田的耕整作业同样至关重要，需严格遵循以下原则：确保田间地势平整，土壤达到理想的松软状态，土肥充分融合，无杂草残茬与大土块留存。这样的土壤条件不仅便于插秧作业的高效进行，还能为插秧后的水稻根系提供一个良好的生长环境，促进其早生快发，为后续的酿酒过程提供品质上乘、产量稳定的稻谷原料。通过这一系列科学严谨的土地准备与管理工作，为酿酒专用水稻的优质高产奠定了坚实的基础。

2. 稻田耕整要求

稻田整地的总体要求为：旱耕水整，实现上糊下松、沟深面平的效果，同时确保肥足草净、软硬适中。具体细化为以下五点：

（1）深。耕作深度需维持在 20 cm 左右，但会根据田土性质和水稻熟季栽培方式的不同而有所调整。

（2）匀。要求耕作深浅一致，土块大小均匀，以确保土壤结构和肥力的均衡分布。

（3）净。田间应无杂草残茬，或确保杂草已充分腐熟，以避免对水稻生长造成干扰。

（4）细。土壤需细碎松软，以便土肥相融，促进肥料被土壤快速吸附和同化。

（5）平。稻田需整平，同一田块的高低差应不超过 3 cm，便于后期田间水层的统一管理。

针对不同类型的田块，耕整方式也有所不同：

冬闲田。水稻秋收后，于立冬前后进行深翻埋茬，并泡水落干。冬季经历冻融过程后，立春时节若条件允许可再次翻耕。播种或插秧前 10～15 d，结合耕翻进行除草和施肥，随后上水耙田、整平，并开沟作畦以备秧田使用。

冬作田。冬小麦、冬油菜田在冬作物抢收后，进行深耕埋茬和泡水。待土壤充分腐熟后，清除残茬、下施底肥、耙匀整平，并开沟作畦以备插秧或播种。

3. 不同栽培方式的整地配套措施要求比较

（1）秧田与大田。秧田耕整要求前茬充分腐熟、杂草除净，田间需整细、整平，并开沟作畦，保持“沟里有水，畦面无水”的状态以备播种。若田块有绿肥，需在播种前半个月完成绿肥翻压，以免影响种子萌发。

大田则无须开沟作畦，对田间平整的要求较秧田稍低。整好后灌水 3～5 cm 水层以待插秧（手插与机插有所不同）。

（2）手插田与机插田。机插大田由于苗小，对整田质量要求更高。首先，相较于手播田，机插田需更为平整。其次，机插大田需便于机械下田作业，耕作层不宜过深，一般控制在 10～15 cm。最后，机插大田插中小苗时，田间灌水不宜过深，控制水层在 1～3 cm 为宜。

（3）插秧田与抛秧田。抛秧栽培对大田的选择及整地质量要求较高。整田需达到平、浅、烂、净的标准：田面平整，高低差控制在 2 cm 以内；水层要浅，以现泥水为宜；土壤需糊烂有浮泥，使抛栽的秧苗根系能均匀落入泥浆中；田面应无残茬、无杂物。

(4) 其他育秧方式整田要求。

①旱育秧。按秧田与大田 1∶20 的比例选择旱地或菜园地为苗床田。进行冬前耕翻、耙匀、整平，并干耕整、干施肥。在翻耕时全层下施腐熟农家肥。苗床土需达到“肥、松、细、软、厚”的标准。播前 7～10 d 施复合肥（忌碱性肥料）和壮秧剂（调酸至 pH 4.5～5.5），并三次翻挖 10 cm 厚床土至混匀。同时做好立枯、青枯病的药剂预防。

②塑盘育秧。分为旱育与水育两种。旱育秧苗根系发达、苗高易控、耐寒力强，但费工费力；水育秧苗易活、成秧率高、省工，但易串根、不易控苗。以水育为例，宜选排灌方便、土质肥沃、田面平整、杂草较少的田块进行耕作和施肥。播前 2 d 耙匀、整平、开沟、作畦，并在畦面泥浆浮烂时上覆塑盘，选用沟泥、塘泥或营养土制成半流体状泥浆浇装盘孔，剔去盘面疙瘩土块后等盘孔泥浆沉实后备播。

③工厂化育秧。原理同塑盘育秧，管理要求趋同。配备自动播种流水线的育秧工厂可确保每个穴盘的基质用量、覆土厚度、播种量及浇水量一致，从而实现出苗的整齐一致。

四、 实训步骤方法

(1) 了解酿酒水稻播前准备工作。

(2) 掌握酿酒水稻不同育苗方式所采用的土壤耕整方法。

五、 考核标准及配分

本技能满分 100 分，合格标准要求达到 80 分。

(1) 酿酒水稻不同育苗方式所采用的土壤耕整方法，70 分。

(2) 酿酒水稻播前准备工作，30 分。

六、 作业

利用各种农机具对水稻秧田和本田进行耕整。如无条件可观看教学视频。

综合实训二　酿酒稻旱育秧技术

一、 实训目的

水稻旱育秧是一项促进水稻生产的成熟技术，其不仅是水稻旱育稀植技术的重要组成部分，更是现代农业实践中不可或缺的关键环节。它与施肥、耕地整地、农药使用、灌溉排水、种子处理等多领域知识紧密相连，形成了一个复杂而精细的技术体系。本次实训的核心目的，在于通过实践操作与理论学习相结合的方式，使学生能够做到以下方面：①全面掌握水稻旱育秧技术规程。从选地做床、配制营养土、种子处理、播种管理到秧田管理等各个环节，学生将通过亲手操作，熟悉并掌握整套技术流程，确保每个环节都能达到最佳实践效果。②培育出符合生产需求的壮苗。结合理论知识与实践经验，学生将学会如何根据当地气候、土壤条件以及市场需求，调整和优化旱育秧技术，培育出健壮、抗逆性强、产量潜力大的水稻秧苗。从而为水稻的丰产栽培奠定坚实基础，为农业生产贡献自己的力量。

二、 实训场所、 用具及材料

（1）训练场所：试验农场。

（2）仪器设备：天平、波美比重计、灌溉设备等。

（3）记录工具：田间记录本。

（4）材料：农膜、保温覆盖物、稻种、食盐、45%三唑酮·福可湿性粉剂、壮秧剂、磷酸二铵、磷酸二氢钾、30%恶霉灵或3.2%克枯星、50%杀草丹、水源、床土（旱田土）、有机肥、大棚或中棚等。

（5）工具：育苗盘、温度计、喷雾器、抽屉式播种器、喷壶、铁锹、耙子等。

三、 实训内容

（一）理论知识

1. 水稻壮苗

水稻育苗阶段，植株正处于关键的幼苗期和分蘖期，这一时期主要进行根系的扩展、叶片的生长以及分蘖的形成。秧苗的质量，直接关乎插秧后的成活率以及后续的分蘖数量，因此，在农业生产中，对育苗过程给予了极高的重视。育苗的核心任务，在于为水稻秧苗创造一个最适宜的生长环境，确保秧苗能够达到壮苗的标准。

（1）水稻壮苗的具体标准。

①中苗。秧龄为30～35 d，叶龄为3.5～4.0叶，苗高为12～14 cm，单株根数达到9～11条，百株干重3～3.5 g，带蘖率需超过30%。

②大苗。秧龄延长至40～45 d，叶龄增至4.5～5.5叶，苗高达到15～16 cm，单株根数更为丰富，为13～15条，百株干重提升至5～6 g，带蘖率则需高达80%以上。

（2）为了实现上述壮苗目标，需采取以下关键措施。

①育苗地点选择。优先在旱地进行育苗，若必须在水田进行，则需构建高台苗床，以确保良好的排水条件。

②营养土配制。在营养土的配制过程中，施肥、消毒及调酸等环节需严格把控质量，旨在为水稻幼苗提供一个肥沃、无菌且酸碱度适宜的土壤环境。

③种子处理。种子需经过盐水选种、浸种消毒及催芽处理，之后根据插秧时期和预期的秧龄来确定播种期，以确保秧苗的生长节奏与插秧计划相匹配。

④苗床管理。苗床管理是提升秧苗素质的关键所在。管理内容涵盖温度调控、水分管理以及病虫草害的防治，而管理的核心在于通风炼苗，通过合理的通风来增强秧苗的抗逆性，为后续的移栽和生长打下坚实基础。

2. 水稻旱育稀植

水稻旱育稀植技术作为一种先进的农业生产模式，其核心在于旱育壮秧与合理稀植（将经过精心培育的秧苗移栽至本田）的有效结合，同时辅之以科学施肥、精准灌溉、全面病虫草害防治以及其他一系列相关技术的综合运用。这一技术体系不仅提高了水稻生产的效率与质量，还为现代农业的可持续发展注入了新的活力。

旱育苗，作为水稻旱育稀植技术的关键环节，其显著特点在于选择旱地作为育苗床，使得秧苗在整个生长期间都处于旱地状态，从而实现了水、气状况的协调与优化。这种生长环境有助于秧苗根系的健壮发育，使得根系更为发达，能够更好地吸收土壤中的养分与水分。同时，旱育苗的叶龄适中，低位分蘖（孽）发生多，为后续的高产栽培奠定了坚实基础。

在秧田管理方面，通过精确的温度控制，可以有效促进秧苗的生长与发育。此外，为了防治立枯病等常见病害，还采取了床土调酸、消毒以及苗床通风等一系列科学措施。这些措施的实施，不仅为育成壮苗提供了必要的条件，还有效降低了病害的发生率，确保了秧苗的健康生长。

（二）操作方法及考核标准

1. 选地做床

（1）选择地势高、平坦、排水良好、背风向阳、水源便利、土壤肥沃、杂草少的旱田地作为育苗场地。

（2）增施有机肥进行苗床培肥，采用大棚或中棚育苗。

（3）秋季做床，打碎土壤，施有机肥，第二年春季施磷酸二铵，混拌均匀后整平床面，做高苗床。

2. 配制营养土

（1）床土需肥沃旱田土与腐熟猪粪混合，或过筛后施入壮秧剂混拌均匀。

（2）壮秧剂用于调酸、土壤消毒、防治病虫和增加营养。

（3）如 pH 高于 5.5，需用硫酸调酸。

（4）营养土均匀铺于苗床上，如用育苗盘，则装盘后摆于苗床上。

3. 种子处理及播种

（1）用盐水选种，洗种 2～3 次。

（2）用 45%三唑酮·福可湿性粉剂浸种消毒。

（3）催芽后根据插秧时期和秧龄确定播种期。

（4）播种前浇透水，补平床面，采用播种器或人工均匀播种，施药防虫，覆盖酸性土或山地腐殖土，进行封闭除草，覆盖地膜。

4. 秧田管理

（1）播种至出苗期密封保温。

（2）出苗至 1 叶 1 心期温度不超过 28℃，开始通风。

（3）1.5～2.5 叶期温度 20～25℃，加大通风量。

（4）2.5～3.0 叶期温度 20℃，继续通风，遇低温天气注意保温。

（5）2 叶前保持土壤湿润，2 叶后缺水时早晨或晚上浇透。

（6）预防立枯病，用土菌消喷雾。

（7）pH 上升时浇酸水。

（8）2.5 叶期发现脱肥进行根外追肥，用磷酸二氢钾叶面喷洒。

5. 注意事项

（1）作好记录，相互帮助和学习，共同研究解决问题。

（2）肥料必须均匀施用，防止烧种、烧苗，使用农药注意安全。

（3）盐水选种后需用清水洗种。

（4）浸种时掌握好温度，注意翻动。

（5）催芽温度适中，防止高温烧芽和催芽过长，又要防止温度过低，出芽不齐。

（6）播种选晴天进行，床面浇水后立即播种、覆土。

（7）地下水位高时及时排水，最好做高台苗床。

四、 实训步骤方法

（1）掌握酿酒水稻选地做床、配置营养土、种子处理的操作方法。

（2）掌握酿酒水稻播种、旱育秧秧田管理技术。

五、 考核标准及配分

本技能满分 100 分，合格标准要求达到 80 分。

（1）酿酒水稻选地做床、配置营养土、种子处理的操作方法，50 分。

（2）酿酒水稻旱育秧及秧田管理技术掌握，50 分。

六、 作业

（1）每小组完成一袋水稻种子的浸种催芽，根据催芽质量评定；

（2）每小组进行水稻旱育秧播种训练。

综合实训三 酿酒稻秧田管理技术

一、 实训目的

本次实训旨在通过实践操作，使学员能够熟练掌握酿酒水稻秧苗的素质判断、秧龄识别以及秧苗问题诊断技能。同时，学员还将深入了解水稻育苗技术，以及播种后秧田的水肥管理技巧，为后续的农业生产实践打下坚实基础。

二、 实训场所、 用具及材料

（1）训练场所：试验农场，这里提供了真实的农业生产环境，便于学员进行实地操作和观察。

（2）用具及材料：酿酒水稻种子、秧苗、肥料（如尿素等）、农药、薄膜、竹弓、穴盘、桶、锹、耙、皮尺、线绳、田间记录本等。这些工具和材料将贯穿整个实训过程，确保学员能够顺利进行各项操作。

三、 训练内容

（一）壮秧的标准

秧苗类型。根据叶片数量，秧苗可分为小苗（<3 片叶）、中苗（3～4.5 片叶）和大苗（4.5～6.5 片叶）三类。不同类型的秧苗在生长周期、养分需求等方面存在差异。

壮秧标准。壮秧应具备叶宽苗健、扁蒲根白、生长整齐、无病无虫、秧龄适当等特点。这些标准是衡量秧苗质量的重要依据。

（二）秧龄的识别

秧龄可通过秧田生长天数、叶龄和积温三种方法表示。其中，叶龄法能较准确地反映水稻的生理年龄。确定适宜秧龄时，需遵循以下原则：生育期短的品种秧龄宜短，反之则长；早稻秧龄宜短，晚稻秧龄宜长；高温季节育秧或播种密度大时，秧龄宜短。

以长江中下游地区为例，早稻的早熟品种秧龄约为 25 d，中迟熟品种为 30 d，三熟田为 30～40 d；中稻秧龄为 30 d；晚稻秧龄为 35～45 d。

（三）秧田管理

1. 露地湿润育秧的秧田管理

（1）芽期。从播种到第一片完全叶展开。此时秧苗耐低温能力较弱，供氧好坏是影响扎根立苗的关键。播后需保持土壤充分湿润，特殊天气如霜冻、大风、暴雨时，应暂时灌水护芽，风雨过后再排水晒芽。

（2）幼苗期。自 1 叶展开到 3 叶期。此时秧苗通气组织尚未健全，根系生长所需氧气主要依靠空气直接供应。因此，需采取露田与浅灌相结合的灌水方法，2 叶期前以露田为主，2 叶期后以浅灌为主。3 叶期幼苗由异养转为自养，需及早补充断奶肥（每亩 3～5 kg 尿素），及时补充氮源。

（3）成苗期。指 3 叶期以后到移栽。此时秧苗体内通气组织已发育健全。3 叶期后，稀播大秧应采用浅水灌，平衡根叶生长，防秧根下扎，拔秧困难。移栽前需施起身肥。

2. 薄膜保温育秧的秧田管理

（1）密封期。从播种到 2 叶 1 心。需密封保温，创造高温高湿环境，促使其迅速扎根立苗。膜内适宜温度为 30～35℃。密封期在沟中灌水，水不上秧板。

（2）炼苗期。从 2 叶 1 心到 3 叶 1 心。此时膜内适宜温度为 25～30℃。需逐日扩大通风面积，延长通风时间，使秧苗逐渐适应外界自然条件。炼苗期可两头先开，再加两侧，依天气变化随时覆膜调整。

（3）揭膜期。3 叶期以后，若气温稳定在 15℃以上即可揭膜。揭膜前应先灌水，揭膜后按湿润育秧的方法进行田间管理。

3. 旱育秧的苗床管理

播种后需覆盖营养土，施用除草剂，覆膜，并浇足底墒水。

（1）及时揭膜补水。一般情况下，水稻播种后 5～7 d 便可齐苗。若天气晴朗，膜外温度较高，播后 3～5 d 也可现青。此时应及时揭膜，以防高温灼伤秧苗。

（2）加强水分管理。秧苗 3 叶期对水分最敏感，需及时补水。4 叶期后是培育旱壮秧的关键时期，即使中午叶片出现萎蔫也无须补水，但如发现叶片有“卷筒”状时，可在傍晚喷1次透水。

（3）适量追肥。一般在秧苗2叶1心至3叶期时，结合补水泼浇1%～2%尿素液。3叶1心以后，保持苗床湿润，每长1叶叶面追施1次肥。

四、 实训步骤方法

（1）掌握酿酒水稻壮秧的标准评价方法，包括叶片数量、叶宽苗健程度、根系发育情况等。

（2）掌握酿酒水稻秧龄的识别方法，包括通过叶龄、生长天数和积温等方式进行识别。

（3）学习并实践酿酒水稻秧田的管理方法，包括露地湿润育秧、薄膜保温育秧和旱育秧的苗床管理等。

五、 考核标准及配分

本技能满分100分，合格标准要求达到80分。具体考核内容及配分如下：

（1）酿酒水稻壮秧的标准评价方法：30分。要求学员能够准确判断秧苗的素质，识别壮秧的标准。

（2）酿酒水稻秧龄的识别以及秧田的管理方法：70分。要求学员能够熟练掌握秧龄的识别方法，并正确进行秧田的管理操作。

六、 作业

（1）每个小组完成秧龄的识别训练，通过实际操作加深对秧龄识别方法的理解。

（2）每个小组进行酿酒水稻秧田的管理训练，包括露地湿润育秧、薄膜保温育秧和旱育秧的苗床管理等，通过实践提升秧田管理技能。

综合实训四　酿酒稻移栽

一、 实训目的

在酿酒水稻的生产过程中，移栽是至关重要的一环，它直接关系到水稻的生长周期、产量及品质。本次实训旨在通过系统的理论学习与实践操作，使学员全面掌握酿酒水稻的人工插秧、抛秧及机械插秧等多种移栽技术，确保在不同生态环境和生产条件下，能够科学、合理、高效地完成水稻移栽工作，为后续的田间管理、病虫害防治及最终的丰收奠定坚实基础。

二、实训场所、用具及材料

（1）实训场所：本次实训在教学试验农场开展。

（2）用具及材料：

①插秧机。现代农业生产中不可或缺的机械设备，通过调整行株距，实现精准移栽，大幅提高移栽效率。

②绳、桶。用于人工插秧时的定位与运秧，确保移栽密度均匀，减少漏插和重插现象。

③镰刀。在秧板切块、整理田埂等工作中发挥重要作用，是农业生产中传统的手工工具之一。

④田间记录本。用于记录移栽过程中的关键信息，如移栽日期、密度、天气状况等，为后续田间管理和数据分析提供依据。

⑤托盘、秧架、秧盘。抛秧和机插秧时用于装载和运输秧苗的工具，确保秧苗在移栽过程中不受损伤。

三、实训内容

（一）移栽密度与栽培策略的科学规划

移栽密度是影响水稻生长发育和产量的关键因素之一。根据酿酒水稻的品种特性、生长周期、土壤条件及气候条件，科学规划移栽密度至关重要。实训中，学员需掌握不同品种水稻的适宜移栽密度，以及如何通过调整移栽密度来实现增产增收。同时，还需了解不同增产途径（如增穗、增粒、穗粒兼顾）下的移栽密度调整策略，为制订科学合理的栽培计划提供理论依据。

（二）移栽方法与技术要点详解

1. 人工插秧

（1）准备阶段。在施足基肥、田面平整的基础上，进行拔秧和运秧工作。拔秧时要尽量减少对根系的损伤，运秧过程中要保持秧苗的湿润和整齐。

（2）拉绳定趟。按计划基本苗和栽插规格拉绳，确保每趟行间距均匀，为后续的插秧工作提供准确参考。

（3）下趟栽秧。根据行数确定栽秧位置，双手配合完成分秧、插秧动作，确保每穴苗数一致，苗要浅栽、栽直、栽稳。

（4）注意事项。退步要均匀，避免漏插和重插；秧苗要栽得深浅适中，避免过深影响根系发育，过浅则易倒伏；同时，要注意观察田面水分状况，及时调整灌溉策略。

2. 机插秧

（1）田面准备。精细平整大田，确保上水后能够迅速沉实，形成一层薄水层，为机插秧提供良好的作业环境。

（2）机械调试。根据移栽密度调整插秧机的行株距，确保每穴秧苗数量符合设计要求。同时，要对插秧机进行全面检查和维护，确保作业过程中机械性能稳定可靠。

（3）秧板切块与装秧。采用手工切秧片或切秧框切秧片的方法，确保秧片整齐、大小一致。装秧时，要将秧片紧贴秧箱，避免漏插和重插现象的发生。

（4）插秧作业。掌握好运行速度和运行方向，确保插得直、接趟距离一致。插秧过程中要及时观察秧苗状态，调整作业参数，确保移栽质量。

（5）后续管理。插秧后及时补栽边角、断行和缺棵，灌水护苗，促进秧苗快速生长。

3. 抛秧

（1）时间选择。根据土壤类型、天气条件及生产计划合理安排抛秧时间。沙土地区宜随耙随抛，淤土地区则需等待土壤沉实后再进行抛栽。阴天全天抛，晴天下午抛，避免高温时段抛秧造成秧苗损伤。

（2）田面划分与标记。将大田划分为若干小区，便于操作和管理。在田埂上做好标记，确保抛秧位置准确。

（3）抛秧操作。根据计划好的密度和秧盘数量进行抛撒。先抛70%的秧苗，再补抛余下部分，注意补稀、补边角。抛秧时，要掌握好力度和角度，确保秧苗在空中呈扇形散开并均匀落入田中。

（4）后续管理。抛秧后2 d内不上水，避免水深影响秧苗扎根立苗。3～4 d后上浅层水并进行化学除草工作。同时，要加强田间巡查，及时发现并处理病虫害问题。

（三）移栽技术的比较与分析

通过实训操作，学员需对人工插秧、抛秧和机械插秧三种移栽技术进行比较与分析。从移栽效率、成本效益、对土壤条件的适应性、对秧苗生长的影响等方面进行综合考量，明确各种移栽技术的优缺点及适用范围。同时，结合当地农业生产实际和市场需求，探讨如何因地制宜地选择适宜的移栽技术，以实现酿酒水稻的高产高效栽培。

四、 实训步骤方法

（1）结合大田生产和当地条件，制订详细的移栽计划，包括移栽时间、密度、方式等。

（2）计算并准备所需的秧田面积、秧田用种量、营养土数量、秧盘数量等物资。

（3）按照育秧流程完成秧田整地、种子处理、播种、秧田管理等环节的工作。

（4）实地进行人工插秧、抛秧和机械插秧训练，掌握各种移栽方法的技术要点和操作技巧。

（5）对移栽后的田块进行定期巡查和管理，记录秧苗生长状况及田间管理情况。

五、 考核标准

本技能满分100分，合格标准要求达到80分以上。具体考核内容及配分如下：

（1）育秧全过程（40分）。包括秧田整地、种子处理、播种、秧田管理等环节的工作质量和完成情况。要求学员能够熟练掌握并独立完成育秧全过程，确保秧苗健壮生长。

（2）移栽训练（40分）。实地进行人工插秧、抛秧和机械插秧训练时，要求学员能够准确掌握各种移栽方法的技术要点和操作技巧，确保移栽质量。同时，要对移栽后的田块进行定期巡查和管理，及时发现并处理问题。

（3）分析比较（20分）。要求学员对人工插秧、抛秧和机械插秧三种移栽技术进行比较与分析，明确各种移栽技术的优缺点及适用范围。同时，结合当地农业生产实际和市场需求，提出因地制宜选择适宜移栽技术的建议。

六、 作业与思考

通过本次实训，学员需完成以下作业与思考：

（1）分析比较人工插秧、抛秧和机械插秧三种移栽方法的技术特点、优缺点及适用范围。

（2）结合当地农业生产实际和市场需求，探讨如何因地制宜地选择适宜的移栽技术，以实现酿酒水稻的高产高效栽培。

（3）总结本次实训的收获与体会，提出改进建议或未来研究方向。

综合实训五　酿酒稻施肥技术

一、 实训目的

水稻施肥技术不仅是水稻丰产栽培的关键技术措施之一，更是决定酿酒水稻品质与产量的核心要素。本实训旨在通过系统的理论学习与实践操作，使学生深入理解水稻的需肥规律和特点，熟练掌握水稻施肥技术，并能够将所学知识灵活应用于实际生产中，为酿酒水稻的丰产丰收奠定坚实基础。同时，通过实训，学生还能进一步掌握与施肥技术密切相关的耕整地、灌溉排水、水稻苗情诊断及病虫害防治等技能，全面提升其农业生产综合能力。

二、实训场所、用具及材料

（1）实训场所：本次实训选址实践教学农场。

（2）用具及材料：

①肥料。尿素、磷酸二铵、硫酸钾、有机肥等，这些肥料将用于满足水稻生长过程中的不同营养需求。

②工具。塑料桶、铁锹、耙子、运输工具等，这些工具将用于肥料的搬运、撒施及田间管理。

③记录本。田间记录本用于记录施肥过程中的关键信息，如施肥时间、种类、数量及天气状况等，为后续田间管理和数据分析提供依据。

三、实训内容

（一）水稻需肥特点与规律

水稻作为需肥较多的作物，其生长发育过程中需要吸收大量的氮、磷、钾等营养元素。在一般生产条件下，每生产 100 kg 稻谷，需要从土壤中吸收氮（N）1.8～2.5 kg、磷（P_2O_5）0.9～1.2 kg、钾（K_2O）2.1～3.3 kg，氮、磷、钾的比例约为 2∶1∶2.5。

（1）需肥规律。水稻在幼苗期对氮的吸收逐渐增加，返青至幼穗分化期达到高峰，占总吸收量的 60%～70%；幼穗分化期到抽穗开花期占总吸收量的 20%～30%；抽穗开花后吸收量占 10%。这一规律为合理施肥提供了重要依据。

（2）对磷的吸收。水稻幼苗期对磷的吸收较少，分蘖后迅速增加，分蘖至幼穗分化期占总吸收量的 33.7%；幼穗分化期至抽穗开花期占总吸收量的 26.2%；结实期占总吸收量的 32.5%。磷对水稻的根系发育、分蘖及穗分化等过程具有重要影响。

（3）对钾的吸收。水稻对钾的吸收同样在幼苗期较少，分蘖后迅速增加，分蘖至幼穗分化期占总吸收量的 35.2%；幼穗分化期至抽穗开花期达到高峰，占总吸收量的 59.1%；抽穗开花后吸收很少。钾对水稻的抗逆性、光合作用及产量形成等方面具有显著作用。

（4）对氮的特殊需求。穗分化期是水稻一生中需肥最多的时期，特别是氮素对穗分化影响较大。保证充足的营养是实现穗大粒多的基础。然而，在低温年份或水稻病害发生较重时，氮肥的施用量要适当减少，增加磷肥和钾肥的施用量。同时，氮肥施用过多会导致水稻体内 C/N 降低，硅化作用减弱，使水稻贪青徒长、通风透光不良、抗病能力下降，极易发生稻瘟病。

（二）水稻合理施肥的原则与方法

（1）有机肥与化肥配合。有机肥的施用不仅可以直接增加土壤有机质含量，改善土壤结构，还能提供水稻生长所需的多种营养元素。化肥则具有养分含量高、肥效快等特点。因此，有机肥与化肥的配合施用是实现水稻高产优质的重要措施。

（2）氮、磷、钾肥配合。根据水稻的需肥特点和规律，合理搭配氮、磷、钾肥的比例和用量，以满足水稻不同生长阶段对营养元素的需求。

（3）基肥为主，追肥为辅。基肥是水稻生长初期的主要营养来源，应占总施肥量的较大比例。追肥则用于补充水稻生长过程中的营养不足，应根据水稻的生长情况和气候条件灵活调整。

（4）结合耕整地、灌溉等技术措施。施肥应与耕整地、灌溉等技术措施相结合，以提高肥料的利用率。

（三）水稻需肥量的确定与计算方法

确定水稻施肥量的主要依据包括水稻需肥量、土壤供肥量、肥料利用率、气候条件、品种特性及水稻长势等。施肥量可以按下列公式计算：

施肥量＝（计划产量所吸收的养分量－土壤养分供给量）/（肥料中养分含量×肥料利用率）

这一公式的应用需要充分考虑各种因素的综合影响，以确保施肥量的准确性和合理性。

四、 实训步骤方法与操作要点

（一）有机肥的施用

（1）施用量。有机肥的施用量一般为 22.5～30 t/hm^2，3 年轮施一次。一次施肥过多会产生大量有机酸和有害气体，危害水稻根系。

（2）施用方法。在翻地或整地前，将充分腐熟的有机肥均匀地撒施在田面上，通过耕翻整地混入土壤中。有机肥的施用不仅可以提供养分，还能改善土壤结构，促进水稻根系的生长和发育。

（二）化肥的施用

（1）基肥。施用量为氮肥总量的 50%～65%、磷肥的全部、钾肥总量的 50%～80%。

将氮、磷、钾肥充分混合后，在最后一次水整地前均匀地撒施在田面上，通过水整地混入土壤中。整地后应防止串灌，以免影响肥料的分布和效果。

（2）分蘖肥。返青后立即施用。施用量为氮肥总量的15%～20%。分蘖末期发现秧苗脱肥时，可再追施调节肥。追肥时先建立水层，撒施后使肥料溶于水中，待肥水渗入后再正常灌水。分蘖肥的施用可以促进水稻分蘖和根系的生长，提高水稻的产量和品质。

（3）穗肥。可分为促花肥和保花肥。一般在倒2叶展开时追施氮肥总量的15%～25%和剩余的钾肥，最迟在抽穗前10 d追完。长势过旺或低温、多雨、发生病害时不追施氮肥。穗肥的施用可以促进水稻穗部的发育和籽粒的灌浆，提高水稻的产量和千粒重。

（4）粒肥。在齐穗期10 d内追施氮肥总量的5%。有贪青晚熟趋势的地块或低温年份不追施粒肥。粒肥的施用可以延长水稻叶片的功能期，提高光合产物的积累和转运效率，提高水稻的产量和品质。

（5）注意事项。在实训过程中要做好记录，包括施肥时间、种类、数量及天气状况等，以便后续分析和总结。有机肥应充分腐熟后再施用，以防止杂草和病虫的传播。氮肥应选用铵态氮肥或酰胺态氮肥，不能选用硝态氮肥，以免对水稻产生毒害。施肥后不能串灌或排水，以防止养分流失。同时应保持水层5～7 d，以提高肥料的利用率。

五、 实训考核标准及配分

本技能满分100分，合格标准要求达到80分以上。具体考核内容及配分如下：

（1）结合耕地或整地施用有机肥（40分）。要求学员能够正确计算有机肥的施用量，并熟练掌握有机肥的施用方法和注意事项。同时，要能够结合耕地或整地工作将有机肥均匀地撒施在田面上，并通过耕翻整地将其混入土壤中。

（2）合理施用化肥作为基肥、分蘖肥、穗肥和粒肥（60分）。要求学员能够根据水稻的生长情况和气候条件合理搭配氮、磷、钾肥的比例和用量，并熟练掌握化肥的施用方法和注意事项。同时，要能够根据不同生长阶段的需求灵活调整施肥量和施肥时间，确保水稻生长过程中养分的充足供应。

六、 实训作业与总结

每个小组需完成一份酿酒水稻有机肥和化肥的施肥报告。报告内容应包括实训目的、实训场所及用具材料、实训内容与方法、实训结果与分析以及实训总结与反思等方面。通过撰写报告，学员可以进一步巩固所学知识，提升分析问题和解决问题的能力。同时，通过实训总结与反思，学员还可以发现自己的不足并提出改进措施，为今后的农业生产实践提供有益借鉴。

综合实训六　酿酒稻分蘖特性观察

一、 实训目的

本次实训的主要目的是深入了解酿酒水稻的分蘖习性及其消长变化的规律。酿酒水稻作为一种特殊的稻种，其分蘖特性不仅影响群体的构成，还直接关系最终的产量和品质。通过本次实训，我们将掌握酿酒水稻分蘖的基本规律，为后续的水稻栽培管理、品种改良以及产量预测提供科学依据。

二、 实训场所、 用具及材料

（一）训练场所

本次实训将在学校的试验农场进行。试验农场拥有完善的水稻种植设施和科学的管理方法，是进行水稻分蘖特性观察的理想场所。

（二）用具及材料

（1）不同处理的分蘖稻株：选取不同生长阶段、不同处理条件下的酿酒水稻植株，以便全面观察其分蘖特性。

（2）刀片：用于剖开水稻茎基部，观察主茎和分蘖的位次关系。

（3）镊子：辅助剥离分蘖，以便观察其根系发育情况。

（4）田间记录本：记录实训过程中的观察数据和现象。

（5）铅笔：用于绘制图表和记录文字信息。

（6）红漆：标记主茎叶龄和分蘖发生时期，以便长期跟踪观察。

三、 实训内容

水稻茎秆通常具有 10～18 个节，每一节上生一叶，每一叶腋间都有一个腋芽。在适宜的条件下，这些腋芽可以发育成为侧茎，即分蘖。然而，并非所有节位的腋芽都能发育成分蘖。一般地上部的伸长节与地下部的基部茎节（在栽插条件下）常不能发生分蘖，只有茎秆靠近地表的数个茎节才能发生分蘖。

分蘖的命名和位次关系如下：凡由主茎上发生的分蘖，称为第一次分蘖；从第一次分蘖上长出的分蘖，称为第二次分蘖，依此类推。同一茎上的同次分蘖，根据其着生节位的高低，由下而上依次称为第一位、第二位、第三位分蘖……分蘖出现的最低节位称为最低分蘖位，分蘖出现的最高节位称为最高分蘖位。

分蘖的出现与母茎叶片的出现存在一定的关系。通常，某节位分蘖的出现期与该着生节位之上母茎第三节位的叶出现期相当。例如，主茎第 5 节位分蘖的出现期和主茎第 8 节位上长出的第 8 叶同时出现。第二次分蘖的出现与其母茎第一次分蘖上叶片出现也存在同样的关系。因此，当分蘖具有二片完全叶时，其上母茎就有 5 个叶片，依此类推。但需要注意的是，分蘖后期的出叶速度常比母茎出叶要快，不完全符合上述规律。

分蘖的根系发育与叶片数也存在一定的关系。一般来说，分蘖在一叶和二叶以前均无根发生。三叶期时，其茎最基部开始出现根点；四叶期时，才有较长的根系进行独立的生活。

水稻移栽后 5～7 d 就开始分蘖，随后分蘖数量逐渐增加，达到最高点后又逐渐下降。出穗以后，分蘖数量才稳定下来。因此，分蘖的消长变化呈一条曲线。水稻分蘖数的多少常因品种、栽插密度、水肥条件以及气象因素等不同而有很大差异。掌握这些变化规律对于控制合理群体结构、提高酿酒水稻产量具有重要意义。

四、 实训步骤

（一）掌握酿酒水稻分蘖位的观察方法

通过实验室和田间观察相结合的方法，掌握酿酒水稻分蘖位的识别技巧。利用刀片剖开茎基部观察主茎和分蘖的位次关系；利用红漆标记主茎叶龄和分蘖发生时期，以便长期跟踪观察。

（二）调查分蘖出现期与母茎叶出现期的关系

通过定期观察记载主茎叶龄及各位次分蘖的发生时期和节位，结合不同叶数的分蘖叶片数和母茎叶片数的对比，推算出分蘖各叶出现期与母茎各叶出现期的关系。

（三）观察分蘖根系发生与其叶片的关系

将分蘖从母茎上剥下后，仔细调查其根系发育情况，包括根数和根长。通过观察和测量不同叶数的分蘖根系发育情况，了解分蘖根系与叶片数之间的关系。

（四）掌握酿酒水稻分蘖的消长变化调查方法

在试验田中设置不同栽培密度、不同栽插本数及不同肥力水平等试验区。通过定期调查每穴茎蘖数，绘制分蘖消长变化曲线图，分析分蘖的消长变化规律。同时，结合成熟期有效穗数的调查，分析分蘖的成穗率及其对产量的影响。

五、 考核标准及配分

本技能满分 100 分，合格标准要求达到 80 分。具体考核标准及配分如下：

(1) 酿酒水稻分蘖位的观察方法，调查分蘖出现期与母茎叶出现期的关系，分蘖根系发生与其叶片的关系，70 分。

(2) 酿酒水稻分蘖的消长变化情况，30 分。

六、 作业

(1) 绘一水稻分蘖实况或模式图，注明分蘖的位和次。

(2) 将分蘖出现与母茎叶片出现的关系以及分蘖叶数与根系发生情况进行登记，并加以说明。

(3) 根据田间调查资料，作一移栽水稻本田分蘖消长变化曲线图，标明分蘖始期、最高分蘖期、有效分蘖终止期和无效分蘖期，求出有效分蘖百分率。

综合实训七 酿酒稻生育中期田间管理

一、 实训目的

本次实训旨在培养学员对水稻生育周期的全面认识，包括但不限于水稻各生育阶段的识别能力、对常见病虫害及杂草的鉴别技巧，以及掌握水稻各生育期的水肥需求特性。通过实践，学员将能够根据水稻的生长特性实施基本的田间管理措施。

二、 实训场所、 用具及材料

(1) 训练场所：试验农场。

(2) 用具及材料：肥料、农药，解剖镜、田间记录本等。

三、 实训内容

(一) 施肥策略

水稻对氮、磷、钾的吸收存在明显的阶段性。氮的吸收在分蘖期和孕穗期达到高峰；磷的吸收高峰则出现在分蘖至拔节期，抽穗期也有较高吸收；钾的吸收则主要集中在分蘖至孕穗期。杂交水稻与常规稻在生育前期和中期氮吸收高峰相似，但在齐穗和成熟阶段，杂交水稻仍能吸收 25% 的氮和 19% 的钾。

在秧田阶段，底肥以腐熟有机肥为主，辅以少量氮、磷、钾肥，且施用量因稻种而异，早稻＞中稻＞晚稻。追肥通常进行两次，分别在 1 叶 1 心至 2 叶 1 心和移栽前一周左右。

大田耕整时，应在移栽前 10 d 将有机肥翻耕入土，化肥中的磷肥全部、部分氮肥和钾肥在耙田时施入，一般每亩施用尿素 10 kg、过磷酸钾 6 kg、氯化钾 8 kg 左右。后期追肥分别在移栽后 15 d 追施分蘖肥尿素 5 kg，晒田复水后根据苗情再追施尿素 5～10 kg、氯化钾 5 kg。

针对不同稻种，施肥策略也有所调整：

（1）早稻。因生育期短，营养与生殖生长重叠时间长，分蘖盛期出现吸肥高峰，且时间较短。因此，需施足基肥（占总用肥量的 50%左右），分蘖盛期前早施追肥（占总用肥量的 35%左右），至顶叶伸出前一般停止追肥。

（2）双季晚稻。吸肥高峰较迟，后期吸肥量多于早稻。在施足基肥（占总用肥量的 50%）并适量早施分蘖肥（占总用肥量的 25%左右）的基础上，需特别注意防止后期（包括孕穗和抽穗期）缺肥。

（3）单季晚稻和中稻。营养生长期较长，前期气温高于早稻，后期又高于双季晚稻，因此前期分蘖容易增加，易造成生长过旺。此时应遵循“前轻、中重、后补足”的施肥原则，以达到前期不疯长、后期不早衰的目的。

（二）水分调控

水稻生长过程中，水分的调控至关重要。浅水栽秧（水深 2 cm）、寸水返青（水深 4 cm）、薄水分蘖（水深 1.5 cm），适时晒田，足水孕穗（水深 2～3 cm，如遇高温可灌 5～7 cm 深水降温），有水抽穗，湿润灌浆，适时断水。

晒田应遵循“苗到不等时，时到不等苗”的原则，当每亩茎蘖数达到 18 万左右时开始晒田。田块泥脚深、低洼的应重晒，反之则轻晒。

在返青期，因根系损伤、吸水力弱，需特别注意水分管理。晴天灌水深度为 5～10 cm，阴雨天为 3～4 cm。针对不同稻种，返青期水分管理策略如下：

早稻：浅水、深水、深灌（寒潮时）。

中稻和一季晚稻：较深水层（白天和夜晚）、无特别要求（寒潮时）。

二季晚稻：深水或流水（白天）、排水（夜晚和寒潮时）。

分蘖期土壤含水应保持高度饱和至有浅水之间，以促进分蘖早生快发。水层过深会抑制分蘖，可通过排水晒田来抑制无效分蘖。穗发育期是水稻需水临界期，淹水深度不宜超过 10 cm，维持深水层的时间也不宜过长。

抽穗开花期对缺水敏感程度仅次于孕穗期，受旱严重时会导致出穗、开花困难，轻则影响花粉和柱头的活力，增加空瘪率。因此，需保持水层以减轻高温影响。

灌浆结实期宜进行间隙灌水，使稻田处于渍水与落水相交替的状态，利于稻株养分的吸收、运输及籽粒增重。

（三）田间病虫草害的识别与防控

1. 草害

水稻田主要杂草种类繁多，常见的有鸭舌草、三棱草（莎草）、水花生、辣蓼等。除草策略通常遵循“先清、后封、再补杀”的原则。先清：整田前用草甘膦化除一次；后封：播种后用丙草胺配剂封闭除草；再补杀：根据田间杂草发生程度补杀1～2次。常用稻田除草剂有效成分包括草甘膦、乙草胺、（异）丙草胺、毒草胺、丁草胺、杀草丹、禾大壮、恶草酮、氰氟草酯、乙氧氟草醚、苄密磺隆、二氯喹啉酸等。

2. 虫害

水稻主要虫害包括苗期蓟马、中期三化螟、二化螟、纵卷叶螟及后期飞虱等。虫害的防治需参照当地农技推广部门发布的虫情测报进行管理，用药种类、剂量、浓度及使用时间和方式需因类而异。

（1）蓟马。稻苗2叶期见卵，4～5叶期重发。叶片初现白色或黄褐色小斑痕，后叶纵卷枯萎。当稻田卷叶率达5%～10%时，可用含烯啶虫胺、吡虫啉、甲氨基阿维菌素苯甲酸盐等有效成分的药剂进行化杀。

（2）三（二）化螟。在苗期、分蘖期、孕（抽）穗期多见，卵产于叶片中上部或叶鞘部，常造成枯心苗、白穗。纵卷叶螟多在孕穗期为害，卵产于叶片上部靠叶尖处，常纵卷叶面取食危害叶片。在卵块孵化盛期至高峰期进行药剂杀虫，化杀时田间要保持水层，可用含杀虫双（单）、三唑磷、氯虫苯甲酰胺、BT制剂、水胺硫磷等有效成分的药剂进行化杀。

（3）飞虱。主要在中、晚稻后期发生，吸食茎、叶片造成整株枯死。由于其为迁性害虫且易诱发纹枯病，因此在防治上需统防统治且杀虫、防病药兼用。在发生危害时，可用含噻嗪酮、噻虫嗪、吡蚜酮、毒死蜱或异丙威等有效成分的药剂进行化杀。

3. 病害

水稻主要病害有纹枯病、稻瘟病（穗颈瘟）、稻曲病。三种病害均代表性地发生在水稻生长的相对固定时期，需以预防为主。

（1）纹枯病。在高温、高湿条件下易发病，矮秆品种重于高秆品种，粳稻重于籼稻。偏肥、偏旺、积水的稻田易发生。最初在植株与水面靠近的叶片和叶鞘部可见暗绿色水浸状模糊斑点，后逐步形成云纹状病斑。在分蘖盛期和孕穗期或病丛率在5%～10%时用药防控，可用含井冈霉素、苯甲丙环唑、噻呋酰胺、戊唑醇肟菌酯等有效成分的药剂进行喷雾预防。

（2）稻瘟病（穗颈瘟）。在适温、高湿条件下易发病，水稻全生育期均可发病，尤以抽穗期最易感病。发生于颈部、穗轴、枝梗上，病斑初为暗褐色小点，后扩展形成黑褐色条斑。轻者影响结实、灌浆，重者形成白穗。在水稻破口前后用药防控，可用含稻瘟灵、三环唑、春雷霉素、咪鲜胺等有效成分的药剂进行喷雾预防。

（3）稻曲病。在适温、多雨高湿、寡照条件下易发病，开花结实期为发生期。一般只发生在穗部单个谷粒上，也有多达几十个粒受害。病菌侵入谷粒后形成菌丝块并逐渐长大，使颖壳裂开露出橘黄色小型块状突起物（孢子座），再逐渐膨大包裹颖壳形成“稻曲”。在水稻破口期至齐穗期用药防控，可用含三唑酮、烯唑醇、多菌酮、百菌灵、三苯基乙酸锡、纹霉星等有效成分的药剂进行喷雾预防。

四、 实训步骤方法

（1）掌握酿酒水稻施肥技术和水分管理方法。

（2）掌握酿酒水稻常见病害、虫害、草害的防治方法。

五、 考核标准及配分

本技能满分100分，合格标准要求达到80分。

（1）酿酒水稻施肥技术和水分管理方法，60分。

（2）酿酒水稻常见病害、虫害、草害的防治方法，40分。

六、 作业

（1）每个小组完成酿酒水稻施肥与水分管理方案设计；

（2）每个小组完成酿酒水稻常见病虫害识别与防治；

（3）每个小组完成酿酒水稻草害调查与防除方案制订。

综合实训八　酿酒稻主要生育期苗期考察与诊断

一、 实训目的

本实训旨在通过亲身体验与深入学习，使学员全面掌握水稻苗情考察的核心内容与科学方法，能够精准分析苗情现状，并据此提出有针对性的栽培管理策略，为酿酒水稻的高产优质奠定坚实基础。

二、 实训场所、 用具及材料

（1）训练场所：试验农场。

（2）用具及材料：记录本、直尺、盆、桶、田间记录本等。

三、 实训内容

（一）秧苗素质考察

在拔秧前的关键时期（2～3 d），首先进行田间巡视，全面审视水稻长势，选定具有代表性的样点。随后，分田间与室内两大环节进行深入考察。

1. 田间考察

直观评估秧苗整齐度，通过比较功能叶叶尖与叶鞘颜色，判断叶色是否正常；采用科学方法调查成秧率，即挖掘特定面积内的土壤与秧苗，细致分离后计算成秧比例，以量化评估秧苗成活率。

2. 室内考察

精选 50 株秧苗带回实验室，依据分蘖数量分类，从中挑选 10 株代表性秧苗进行详细测定。考察项目涵盖株高、分蘖数、分蘖苗百分率、单株叶面积、叶面积指数、根系情况（白根、黄根、黑根数量及总根数）、苗基粗度、绿叶数、叶龄以及地上、地下部分的鲜重与干重，全方位解析秧苗素质。

（二）主要生育期苗情考察

水稻生长周期中的关键时期——分蘖期、拔节期、孕穗期和抽穗期，需分别进行细致的苗情考察。考察内容包括但不限于基本苗数量、总茎蘖数、生长整齐性、叶色变化、病虫害情况、株高、分蘖特性、叶面积指数、根系状态、节间长度、穗分化进度以及地上、地下部的鲜干重等，考察方法参考秧苗素质考察流程，注重数据的连续性与对比性。

（三）主要生育期高产长势长相指标

（1）壮秧形态标准。明确了一般秧苗、塑盘湿润秧及塑盘旱育秧的具体形态要求，如根系发达、叶片挺直、无病无虫等，为培育高质量秧苗提供明确导向。

（2）分蘖期长势特征。强调栽后快速恢复生长、分蘖旺盛且适时褪色、根系健康等特征，确保有效分蘖达到预期穗数目标。

（3）长穗期长势描述。叶色由黄转深再转淡，叶面积指数达到高峰，茎秆粗壮，叶片清秀，根系强健，为高产奠定基础。

（4）结实期长相特点。抽穗整齐，叶色保持适宜，成熟期叶绿茎黄，病斑少，确保稻谷品质与产量。

四、实训步骤方法

(一) 田间考察

(1) 目测秧苗整齐度。

(2) 观察群体叶色。用功能叶叶尖与叶鞘颜色最深处比较，如叶尖颜色深于叶鞘颜色，属秧田期正常长相。

(3) 调查成秧率。在每一个样点内，挖取 100 cm^2 范围内床土和秧苗（深度 2～3 cm)，将土和苗全部放在铁筛中淘洗干净，计数成秧数和烂秧数（烂秧包括哑谷、烂芽和缩脚苗—苗高不足秧苗平均高度一半者)，计算成秧率：

成秧率＝样点成秧数÷样点总秧苗数（包括烂秧等在内）×100％

(二) 室内考察

(1) 株高：分蘖节至最长叶叶尖。

(2) 分蘖数：单株分蘖数和大分蘖数（3 叶以上分蘖数)。

(3) 分蘖苗百分率：(发生分蘖的苗数÷考察总苗数）×100％。

(4) 单株叶面积：逐株测量各叶的长度和宽度，然后计算单株叶面积。

$$单株叶面积=\Sigma 叶长\times 叶宽\times 0.75$$

(5) 叶面积指数：

$$叶面积指数=全田叶面积\div 土地面积$$

式中，全田叶面积＝单株叶面积×每亩成秧数（每亩株数)。

(6) 单株根数：包括白根数、黄根数、黑根数和总根数（根长 0.5 cm 以上)。

(7) 苗基粗度（主茎)：距分蘖节 1～2 cm 处的宽度，将 10 株秧苗排列在一起，量其总长度，除以 10。

(8) 单株绿叶数：所有绿色叶片数，3/4 以上绿色的计 1 张叶，不足 3/4 的，计 0。

(9) 叶龄：已经抽出的主茎叶片数。

(10) 地上、下部鲜、干重：用刀片将秧苗从分蘖节处切开，分别称其鲜重（单位：g)；然后置于烘箱中烘至恒重（105℃杀青 30 min 后，在 80～85℃条件下烘至恒重)。

(三) 壮秧指标

1. 壮秧的形态指标

(1) 一般秧苗标准。苗体健壮，根系发达，短白根多，基部扁，叶片不软不披，叶色青绿，苗高及单株带蘖数整齐一致，基本符合叶蘖同伸关系，无病无虫。

(2) 塑盘湿润秧标准。成秧率85%以上，空孔率低于5%，每孔3株左右的穴占85%以上，苗高13～15 cm，秧龄18～22 d，叶龄3.5～4.5 d，茎粗0.3～0.35 cm，每株白根10条以上，叶绿挺直，无病斑，无虫迹。

(3) 塑盘旱育秧标准。秧龄30～50 d，叶龄5.5～6.0 d，茎粗0.45 cm以上，苗高18～24 cm。叶色浓绿，白根多，无病斑、虫迹。

2. 分蘖期长势长相

栽后活棵早，无明显落黄期，分蘖盛期显“黑”，进入无效分蘖期叶色褪淡，拔节期显“黄”；全田总茎蘖数在有效分蘖期末达预期穗数，到拔节期为预期穗数的1.2～1.3倍；叶面积指数在分蘖始期为2.0，分蘖盛期为3.0～3.5，拔节期为4.0～5.0；株型松散似“水仙花”，白根短粗，根系发达，无黑根。

3. 长穗期长势长相

叶色在拔节期显“黄”的基础上逐渐转深，到孕穗期显“黑”，抽穗前显“黄”；叶面积指数到孕穗期达最大值6.0～8.0，剑叶露尖前后封行；总茎蘖数略有下降，到抽穗前稳定在预期穗数上；茎基部节间短粗有弹性，叶片清秀，苗脚清爽，基部黄叶少，抽穗时单茎绿叶数4～5片；表根发达，黑根少。

4. 结实期长势长相

抽穗整齐，抽穗后叶色略转深，成熟时单茎有2～3张绿叶，叶面积指数仍在4.0左右；成熟期秸青籽黄，茎秆略有倾斜，病斑少。

五、 考核标准及配分

本技能满分100分，合格标准要求达到80分。

(1) 酿酒水稻秧苗素质考察方法，40分。

(2) 酿酒水稻主要生育期苗情考察方法，30分。

(3) 掌握酿酒水稻主要生育期高产长势长相指标，30分。

六、 作业

(1) 分别在水稻成秧期、分蘖期、拔节期、孕穗期、抽穗期进行苗情考察，并完成系统的资料收集整理工作，填写苗情考察表。

(2) 分析苗情，提出下一步田间管理意见。

第八章　酿酒专用粮共性综合实训

综合实训一　酿酒专用粮育种试验计划的制订和实施

一、 实训目的

了解酿酒专用粮育种试验计划的作用和制订试验计划的原则，掌握育种试验计划的内容和编制方法，能够正确实施酿酒专用粮育种试验计划。

二、 实训场所、 用具及材料

（1）训练场所：实训室。

（2）用具及材料：计算器、铅笔、绘图纸、记录本、育种试验计划书等。

三、 实训内容

育种试验计划是试验实施的依据，也是影响试验成效的关键因素。试验实施是把试验计划具体落实的过程，主要包括试验地的选择、田间区划、试验材料准备、播种或移栽、田间管理、观察记载与测定、收获和测产等。

（一）育种试验计划的制订

1. 制订试验计划的原则

（1）明确试验目的。通过调查研究、交流分析、文献检索等明确试验目的，形成对所研究的主题及其外延的设想，使试验计划能有效地解决问题。

（2）确定供试因素及其水平。酿酒专用粮品种供试因素不宜过多，抓住高产优质主要因素来解决关键性问题。每个因素的水平数目不宜过多，且各水平间距要适当，使各水平能有明确区分，并把最佳水平范围包括在内。

（3）设置对照。酿酒专用粮品种比较试验中统一规定同一生态区域内使用的对照品种，以便作为各试验单位共同比较的标准。

（4）正确处理试验因素与试验条件间的关系。一个试验中只有供试因素的水平在变动，其他因素都保持一致，固定在某一个水平上。在制订试验计划时必须做好试验条件的安排，例如品种比较试验时要安排好密度、肥料水平等一系列试验条件，使之具有代表性和风险性。为了不使试验规模过大而失控，试验方案原则上应力求简单。

2. 育种试验计划的内容

育种试验计划明确规定试验的目的、要求、方法、调查项目以及各项技术措施的质量标准，使试验的各项工作按计划进行，也便于在执行过程中进行监督检查，保证试验任务的完成。

（1）试验名称。写出试验课题的全称，应反映出试验的主要内容。

（2）试验目的及依据。包括试验要解决的主要问题、现有的成果、发展趋势以及预期的试验结果。

（3）试验时间和地点。写明试验具体年份和试验点所在行政区域。

（4）参试材料。写明试验材料名称（或代号）和数量。

（5）试验地基本情况。包括试验地前作、地势、土壤质地、速效养分含量、有机质含量等。

（6）试验设计和小区技术。根据实验目的，确定采用的田间设计方法、处理数、重复次数、对照、小区总数和小区面积（长度和宽度）、试验地面积、田间种植方式（行区和行距）。

（7）耕作管理措施。包括播种方法、播种时期、种植密度，整地时期，方法及质量要求，施肥种类、数量和时期，中耕除草、浇灌、病虫害防治等。

（8）田间调查项目。田间调查项目包括酿酒专用粮的物候期、农艺性、经济性状、抗逆性等。

（9）室内考种项目。室内考种项目主要有穗部性状。

（10）收获计产及统计分析方法。写明收获的行数、长度及收获方法，统计分析时采用的方法。

（11）试验承担单位、负责人、执行人。

（12）田间小区排列图。根据试验设计要求，绘制田间小区排列图。按一定比例绘制试验区各个重复、小区、走道和保护行，标明不同处理排列的位置以及试验区周围的环境状况，注明方位和边界，以便田间区划、播种、田间管理、观测记载和收获时能按图行事。

（二）育种试验计划实施

（1）作物育种计划。在田间条件下实施主要包括试验地准备、田间区划、试验材料准备、播种或移栽、田间管理、观察记载与测定、收获和测产等环节。

（2）试验地准备。包括深耕、施肥、起垄等作业，要保证各项作业的一致性。按试验计划书和田间小区排列图的要求进行试验地区划，确定试验小区、保护行、过道等在田间的位置，在每个小区前插上标牌，标明处理名称。

（3）试验材料准备。包括机具、肥料、种子、农药、农膜、测试用具、标牌、纸袋等的准备。进行各小区种子装袋和编号，避免发生差错。播种时应力求种子均匀，深浅一致，尤其要注意各规划用地同时播种。试验区播种或移栽完毕后，应立即播种或移栽保护行。

（4）试验田的栽培管理措施。可按当地丰产田的标准进行，除了试验设计所规定的处理间差异外，其他管理措施应保持一致，对各小区的影响尽可能没有差别。在作物生长发育过程中，根据田间调查项目进行系统的、准确的观察记载，掌握丰富的第一手材料，为得出规律性的认识提供依据。

（5）收获。收获是田间试验数据收集的关键环节，必须专人负责，建立验收制度，随时检查核对。收获前随机采取一定数量的单株，以备室内考种。收获计产要求单收、单放、单脱，挂好标牌，严防混杂。

四、 实训步骤方法

（1）分析育种试验计划。教师提供育种试验计划书，学生进行分析和研究，了解酿酒玉米育种试验计划书的格式、内容、特点，分析试验计划的可行性及优缺点。

（2）设定试验项目。根据当地生态条件，拟定1个酿酒专用粮育种试验项目，如2024年酿酒专用粮品种比较试验计划。

（3）制订育种试验计划。学生以小组为单位，根据设定的试验项目，制订育种试验计划书。

（4）实施育种试验计划。学生掌握试验地的选择、田间区划、试验材料准备、播种或移栽、田间管理、观察记载与测定、收获和测产等实施过程。

五、 考核标准及配分

本技能满分100分，合格标准要求达到80分。

（1）符合制订试验计划的原则，20分。

（2）试验设计科学、正确、合理，30分。

（3）格式正确，内容全面，20分。

（4）掌握育种试验计划实施过程，30分。

六、 作业

制定一份酿酒专用粮试验计划书。

综合实训二 酿酒专用粮育种试验的田间区划

一、 实训目的

掌握酿酒专用粮育种试验的田间区划方法、步骤等基本技能及要求。

二、 实训场所、 用具及材料

(1) 训练场所：实训农场、实训室。

(2) 用具及材料：测绳、皮尺、木桩、铁锤、直角仪、铅笔、记录本等。

三、 实训内容

酿酒专用粮育种试验的田间区划，是根据各种育种试验的目的及试验计划书的要求，在田间进行试验的重要环节。通过试验地选择、规划，明确所选试验地的条件，为播种工作做好准备。

（一）试验地准备

试验地在进行区划前，应做好充分准备，保证各规划用地有较为一致的环境条件。试验地应按试验要求施用基肥，采用分格分量方法施用，达到均匀施肥。

1. 试验地要求匀地播种

为减少土壤肥力差异对试验的影响，试验前应匀地播种，匀地播种是指在即将进行试验的土地上连续几茬播种密生植物以便均衡土壤肥力差异的方法。此外，试验地经过一次试验后还要进行合理的轮作换茬。

2. 整地和施肥

在试验前，进行整地和施肥。整地要耕深一致，耙匀耙平；整地方向应与小区的长边垂直，使每一区组内各小区的整地质量基本相同；整地区域可延伸出试验区边界 1～2 m；整地要求在一天内完成。

整地时结合施肥，采用分格分量方法，施用基肥及其数量相同，施肥均匀一致，尽量在较短时间内施完。试验地切忌堆放肥料，以免造成新的土壤肥力差异。在病虫害比较严重的地方须进行土壤消毒处理，处理措施要一致并于当日完成。

（二）田间区划

田间区划就是根据田间试验布置图在田间实际“放大样”（按比例放大到试验地上）。具体而言，就是根据试验计划书的要求，在选定的试验地段上画出各个小区、重复、排列、走道及保护行的位置等。区划时用测绳取直线，要特别注意防止偏斜，其具体步骤如下。

1. 确定田间试验布置

实地勘察试验地地势，根据田间土地及周围地貌确定实际布置朝向。然后根据小区、区组的布置，确定小区田间排列。

2. 画基准线

选好试验地并画出一条标准基线，标准基线的位置要根据试验地的实际情况而定，可与地边的道、渠等平行，并离田边至少要有 1 m 以供设置走道和保护行。以标准基线为准，利用勾股弦定理画出直角，拉出垂直标准线：先用皮卷尺在标准基线一端固定 3 m 长度作为一条直角边，再用 4 m 长度垂直于标准基线拉另一条直角边，然后用 5 m 的长度做直角三角形斜边进行校正，4 m 长度直角边即垂直标准线。采用相同方法画出第三和第四条基准线，确定四周边界。

3. 分段和画行

根据试验设计的小区长度和走道宽度，以垂直标准线与标准线的交点为起点，沿着标准基线丈量过去，打桩定点，确定走道位置。

根据试验设计的小区行长和保护行，以垂直标准线与标准线的交点为起点，沿着垂直标准线丈量过去，打桩定点，将两条垂直标准线上的对应木桩系绳拉直，确定区组、小区和保护行的位置。

4. 写、插标牌

在每个小区的第一行前插上标牌。一般在标牌上写明区组号、小区号和处理名称（或代号）。标牌必须字迹清楚，位置准确，正反两面都应写上，以便两个方向走来都可以观察。播种前应根据计划将标牌全部从较小编号开始插好并校对一次。

四、 实训步骤方法

（1）按试验设计进行试验地准备，主要包括整地和施肥。

（2）实地勘察试验地地势，确定田间试验布置。

（3）按试验设计进行田间区划。

五、 考核标准及配分

本技能满分 100 分，合格标准要求达到 80 分。

（1） 掌握整地和施肥要求，20 分。

（2） 掌握田间试验布置，30 分。

（3） 能够高质量按试验设计进行田间区划，50 分。

六、 作业

选定一种酿酒专用粮，按照试验计划书和指定实训农场区域，完成一份酿酒专用粮育种试验田间区划实训报告。

综合实训三　酿酒专用粮区域试验数据分析

一、 实训目的

系统掌握酿酒专用粮品种区域试验的标准化操作流程，重点学习多生态点联合试验的规划设计与实施要点。通过数据建模与方差分析，掌握品种适应性评价、稳定性分析及推广价值判定的核心方法，培养农业试验数据分析的科研思维与实践能力。

二、 实训场所、 用具及材料

（1） 训练场所：作物育种实训室。

（2） 用具及材料：酿酒专用粮品种试验的试验田、田间观察记载资料、产量结果及室内考种资料，计算器或计算机及各种统计表格等。

三、 实训内容

（一） 区域试验方法

区域试验是由有关部门组织的、在一定的自然区域内进行的多点、多年的品种比较试验，以进一步鉴定新品种的主要特征、特性，确定其是否有推广价值，为优良品种划定最适宜的推广地区，并确定各地区最适宜推广的主要优良品种和搭配品种，同时研究适宜新品种的栽培技术，便于做到良种、良法相结合。区域试验的试验方法基本上与品种比较试验相类似，但要密切结合各地的主要栽培条件进行。

（1）参试品种应满足条件。申请参加区域试验的品种，必须经过连续两年以上的品种比较试验，性状稳定，增产效果显著。或者具有某些特殊优良性状，如抗病性强、品质好等。

（2）划分试验区。根据自然条件和耕作栽培条件划分若干个不同的生态区，在各生态区内选择有代表性的若干试验点承担区试。

（3）设置合适的对照品种。以生产上大面积推广的优良品种作为共同对照，各试点根据需要，可以加入当地一个当家品种作为第二对照。

（4）试验方法。一般采用随机区组设计，一个品种种一个试验小区，小区面积因不同作物而异，小区为长方形，与肥力梯度方向相同，区组与肥力梯度相垂直。在随机区组设计中，若有K个处理，N次重复，则误差项的自由度为（N－1）×（K－1），要求不小于12。为了保证试验的安全和精确性，在每个区组两旁、整个试验地的两端或四周，种植几行与对照相同的品种作为保护行。此外，还要考虑田中的走道设置。

（5）试验地要求。试验田要有代表性，地势平坦、形状整齐，土壤肥力均匀一致，尽量减少试验误差。

（6）性状调查与记载。按照作物区域试验方案调查作物不同品种的物候期、农艺经济性状。

（二）单点试验结果分析

（1）列出试验产量结果。

表8-1　酿酒专用粮试验小区产量结果

品种名称	小区产量			处理和（T_i）	小区平均产量（kg）
	区组Ⅰ	区组Ⅱ	区组Ⅲ		
V1					
V2					
V3					
V4					
V5					
V6					
V7					
V8					
V9					
V10					
区组和（T_j）					

（2）产量方差分析。

表 8-2　酿酒专用粮试验各品种产量方差分析

变异来源	自由度（DF）	平方和（SS）	均方（MS）	F	$F_{0.05}$	$F_{0.01}$
区组间						
处理间						
误差						
总和						

（3）多重比较。

表 8-3　酿酒专用粮试验各品种产量差异显著性

品种	平均数 $\overline{X}_i$	差异显著性	
		0.05	0.01
V1			
V2			
V3			
V4			
V5			
V6			
V7			
V8			
V9			
V10			

（三）多点试验联合分析

（1）列出试验结果。

表 8-4　酿酒专用粮区域多点试验产量资料表

地点	区组	V1	V2	V3	V4	V5	V6	V7	V8	V9	V10	$X_{.k}$	$X_{.j.}$
E1	Ⅰ												
	Ⅱ												
	Ⅲ												
	$x_{i.}$												

续表

地点	区组	V1	V2	V3	V4	V5	V6	V7	V8	V9	V10	$X_{.k}$	$X_{.j.}$
E2	Ⅰ												
	Ⅱ												
	Ⅲ												
	$x_{i.}$												
E3	Ⅰ												
	Ⅱ												
	Ⅲ												
	$x_{i.}$												
E4	Ⅰ												
	Ⅱ												
	Ⅲ												
	$x_{i.}$												
E5	Ⅰ												
	Ⅱ												
	Ⅲ												
	$x_{i.}$												
E6	Ⅰ												
	Ⅱ												
	Ⅲ												
	$x_{i.}$												
E7	Ⅰ												
	Ⅱ												
	Ⅲ												
	$x_{i.}$												
E8	Ⅰ												
	Ⅱ												
	Ⅲ												
	Xi.												

续表

地点	区组	V1	V2	V3	V4	V5	V6	V7	V8	V9	V10	$X_{.k}$	$X_{.j.}$
E9	Ⅰ												
	Ⅱ												
	Ⅲ												
	Xi.												
E10	Ⅰ												
	Ⅱ												
	Ⅲ												
	$x_{i.}$												
$T_{i..}$												$X_{...}=$	

（2）多点试验联合方差分析。

表 8-5　酿酒专用粮区域试验产量联合方差分析

变异来源	DF	SS	MS	F	F0.05	F0.01
地点间						
地点内区组间						
品种间						
品种×地点						
误差						
总变异						

（3）多重比较。

表 8-6　酿酒专用粮区域试验各品种产量的多重比较

品种	小区平均产量（kg）	差异显著性	
		0.05	0.01
V1			
V2			
V3			
V4			
V5			
V6			
V7			

续表

品种	小区平均产量（kg）	差异显著性	
		0.05	0.01
V8			
V9			
V10			

（4）品种稳定性分析。

AMMI 模型是将方差分析和主成分分析综合在一起的，同时具有加性和倍加性参数的数学模型。其模型为：

$$y_{ijk}=\mu+g_i+e_j+\sum_{i=1}^{N}\lambda_r\mu_{ir}\upsilon_{jr}+\delta_{ij}+\varepsilon_{ijk},D_i=\sqrt{\sum\lambda_r\mu_{ir}^2}$$

式中，y_{ijk} 是第 i 个品种在第 j 个环境中的第 k 次重复的观察值，为加性参数；μ 为总体均值；g_i 为第 i 基因型与总体均值的离差，即基因型主效应；e_j 为第 j 环境与总体均值的离值，即环境主效应，为倍加性参数；λ_r 为第 r 个品种基因型与环境交互效应主成分轴（$IPCA$）的差异值；μ_{ir} 与 υ_{jr} 分别是第 r 个主成分轴上的基因型特征向量值和环境特征向量值；δ_{ij} 是提取 N 个 $IPCA$ 轴后留下的残差；ε_{ijk} 为试验误差。将 $\lambda_r\mu_{ir}\upsilon_{jr}$ 分解成 $\sqrt{\lambda_r}\mu_{ir}$ 和 $\sqrt{\lambda_r}\upsilon_{jr}$ 的乘积，则这两个因子分别被定义为基因型 i 和环境 j 的第 r 个互作主成分分量，记为 $IPCA_i$ 和 $IPCA_j$，因此 PCA_i-PCA_j 双标图上越接近坐标原点的基因型就越稳定。还可以用 D_i 来度量基因的相对稳定性，D_i 越低则品种稳定性越好。

表 8-7　品种主成分得分、稳定性参数及排序

品种	$\bar{x}_i$（kg/667 m^2）	交互作用主成分轴 PCA_i			D_G	D_G 排名	$\bar{x}_i$ 排序
		PCA_1	PCA_2	PCA_3			
V1							
V2							
V3							
V4							
V5							
V6							
V7							
V8							
V9							
V10							

(5) 试点鉴别力分析。

评判试点鉴别力需结合鉴别力参数 (D_E) 进行度量，D_E 值越大，鉴别力越强，各试点基于 PCA_1、PCA_2 的判别力 D_E 进行分析。

表 8-8 地点主成分得分、稳定性参数及排序

地点	$\bar{x}_j$ (kg/667 m²)	交互作用主成分轴 PCA_j			D_E	D_E 排序	$\bar{x}_j$ 排序
		PCA_1	PCA_2	PCA_3			
E1							
E2							
E3							
E4							
E5							
E6							
E7							
E8							
E9							
E10							

四、 实训步骤方法

(1) 学会整理原始数据资料；

(2) 掌握区域试验单点数据处理原理及方法；

(3) 学习掌握区域试验多点数据处理原理及方法；

(4) 了解掌握区域试验品种稳定性分析软件及方法，学会根据分析结果，明确各品种的稳定性表现及各试点的代表力。

五、 考核标准及配分

本技能满分 100 分，合格标准要求达到 70 分。

(1) 整理原始数据资料，20 分。

(2) 能分析处理原始数据资料，30 分。

(3) 根据分析结果，能判断参试品种的稳定性表现和试点代表力，30 分。

(4) 数据处理准确可靠，20 分。

六、作业

完成 1 份单点及多点酿酒专用粮区域试验的实训数据分析报告。

综合实训四　酿酒专用粮生产计划的拟订

一、实训目的

了解酿酒专用粮生产计划制订原则，掌握酿酒专用粮生产计划制订的内容，能够结合地区实际情况制订年度生产计划。

二、训练场所、用具及材料

（1）训练场所：可以在教室、学院实训基地或其他地方。

（2）用具及材料：纸、笔、过去的生产计划，未来的生产项目。

三、实训内容

生产计划是一个生产部门的短期生产规划，实际上是打算种植什么以及如何种植，为当年的生产做好思想上和物质上的准备。

（一）制订生产计划的原则

1. 科学性

制订生产计划要结合当地产业发展规划和农业生产实际，同时也应符合自然科学规律，使当地的气候资源、土地资源和农业资源得到充分利用。

2. 可行性

制订的计划必须是经过努力可以实现的，在制订计划之前，必须充分调查研究，与当地生产实际相结合，总结历年生产情况、丰产经验及生产存在的问题，使计划建立在切实可行的基础上。计划要留有余地，在执行过程中要根据客观情况的变化随时进行必要调整，以利于工作的进行。

3. 目标明确、措施具体

对计划要达到的目标，应采取的措施、方法、步骤等都必须表述得十分清楚。

（二）酿酒专用粮生产的计划内容

（1）品种名称和种植制度。种植种类，种植面积，前、后茬之间的衔接等。

（2）所需农业生产资料。酿酒专用粮生产过程中需要大量农业生产资料，在计划中要体现出来以便做好充分准备。常用的农业生产资料包括种子、农药、肥料、农业工具（手工工具、农业机械等）、农膜等，根据当年作物生产需要具体标明。

（3）田间管理方案的制订。田间管理方案包括作物从种到收的全过程，主要有以下内容：①整地。整地时间、质量要求、工作顺序、机械名称、配带农具规格等。②播种。播种时间、播种量、播种机械、株行距，生产资料的准备时间、完成时间等。③肥水管理。管理时期、化肥名称、化肥用量、施用方法、浇水时间、浇水方法、浇水量等。

（4）病、虫、草害防治。防治对象、时期，用药名称、用药量，药品的制剂、施药方法、稀释倍数、用量，所用机器名称、规格。

（5）中耕管理。包括中耕除草、中耕施肥、中耕培土等作业时间、次数。

（6）收获。收获对象、收获田块、收获时间、使用机械、每天收获面积。

除此之外，田间管理还有蹲苗以及随时出现问题的及时处理方案等内容。总之，田间管理方案制订时既要具体，以便做好生产资料的准备，又要灵活，以适应环境因素的变化，一个生产计划的制订和完成是一项系统工程，需要市场调研人员、生产决策人员、技术人员等的共同参与以及各部门相互协调才能完成，经得起实践检验的生产计划才是一份完整的计划。田间管理方案可以以作业历的方式表现得更为明了、清楚。

（三）酿酒专用粮生产计划的形式

酿酒玉米生产计划的形式一般分三种：①条文式，把生产计划分成若干条款或部分，通过文字叙述，逐一阐明内容。②表格式，用表格来表达计划的内容。③文字表格兼有式，既有文字叙述又有表格。

（四）生产计划的书写格式

一般生产计划由三部分组成，即标题、正文和结尾。

1. 标题

标题要一目了然，计划的名称、内容、单位和执行计划的有效期体现出来，如“宜宾学院农学专业 2025 年酿酒专用粮制种田生产计划”。

2. 正文

正文由前言、主题和末尾三部分组成。

（1）前言。它是置于计划的开头部分，写明生产计划的依据（如遵循的方针、依据的情况和问题等）和总的目标任务（开展什么工作、解决什么问题、达到什么效果等）。

（2）主体。这是计划的核心部分，着重写明计划期内应完成的具体任务和达到的具体目标。具体写法多采用分条列项式，即把计划任务先分若干项，用序码和小标题标明层次，再分层写出具体任务和目标。

(3) 末尾。着重写明完成任务、实现目标的措施。一般要讲清楚完成任务需要做的具体工作，如何做，分几个步骤完成，时期要求及分工等。

3. 结尾

结尾要写明计划的单位（个人）和日期。

上述写法只是一种基本格式，在具体运用时，主要体现三要素，即目标、措施、步骤，各地可根据实际情况灵活变通。

四、实训步骤方法

(1) 分析实际生产计划案例。教师找出一份比较完善的某单位的酿酒专用粮实际生产计划作为案例，和学生一起分析，了解计划的形式、内容和优缺点等。

(2) 设定生产项目。根据当地农业生产情况拟订一个酿酒专用粮生产项目，如 2025 年高产酿酒玉米生产计划。

(3) 制订生产计划。学生以个人或者小组为单位制订酿酒专用粮生产计划。

五、考核标准及配分

本技能满分 100 分，要求达到 60 分以上。

(1) 制订计划符合原则，30 分。

(2) 生产计划格式正确，20 分。

(3) 内容全面，符合实际，操作性强，30 分。

(4) 语言流畅，用词准确，20 分。

六、作业

制订一份某地酿酒专用粮年度生产计划。

综合实训五　酿酒专用粮常用农具的使用

一、实训目的

了解酿酒专用粮生产中常用农具的种类；认识不同农具和它们的基本结构以及在生产中的作用，掌握常用农具的使用方法；能够在酿酒专用粮生产中熟练使用各种农具。

二、训练场所、用具及材料

(1) 训练场所：学院实训基地或其他有各种农具并能够训练的场所。

(2) 用具及材料：各种手工农具（锹、耙、锄头、镰刀），各种现代化农业机械（拖拉机、播种机、收割机、脱粒机、水泵、打药机、喷灌设备、覆膜机、旋耕机、起垄机、灭茬机、中饼机、插秧机和抛秧机、深松铲、圆盘耙、镇压器、犁）。

三、训练内容

(一) 手工农具

农业生产常用手工农具种类很多，不同地区有一定差别，酿酒专用粮生产区常用手工农具有下列几种：

(1) 锹。农业生产最常用的工具之一，主要用于挖掘、翻土、装运、切割、平整土地等。

(2) 耙。主要用于碎土、平地、覆土，一般用于育苗田（如酿酒水稻、高粱育苗）、种植田，适宜面积小、要求高、种子粒小，适宜畦作的田块和作物，在土壤疏松的基础上，用耙于正面（带齿的一面）将坷垃打碎并将畦面整平，播种后也可用耙子的背面覆土。

(3) 锄头。主要用于田间除草、松土、碎土。使用锄头铲地过程中，经常采用搂、砍、推、点等几种主要方法。搂通常用于作物行、株间松碎土及除草，锄板平放地面，两手压拉锄杠，使锄板在 2～4 cm 土层中行进；砍主要用于砍除行、株间大草及田间疏苗除蘖等；推主要用于破碎大坷垃，方法是锄板平放地面，两手向前推锄杠使锄头与坷垃碰头，达到碎土作用；点用于铲除苗眼附近的杂草，用锄板一角挑除杂草。

(4) 镰刀。主要用于收割植株或果穗，也可用于割除杂草的地上部分，如酿酒水稻、酿酒玉米、酿酒高粱等。收割高秆植株的方法是手握刀把，将刀面紧贴植株，向上与植株呈 30°角用力拉割，收割矮秆植株的方法是手握刀把，将刀面贴紧植株，刀面与植株平并斜向上，内外用力拉割。

(二) 机械农具

(1) 耕整地机械。种类和形式很多，耕地机械以铧式犁应用最广，主要用于酿酒专用粮收获后翻地。整地机械使用较多的是圆盘耙，主要用于耕后碎土和播前耙地，也用于收获后的浅耕灭茬，诱发杂草，以便翻耕时进一步消灭，有时为了抢农时、保墒，也以耙代耕。

（2）播种机械。常用的是播种机，有手工播种机和机械播种机，主要用于播种。

（3）中耕机械。分旱田中耕机和水田中耕机两大类，可以进行除草、松土、培土、施肥等作业。

（4）植保机械。分为喷雾器、喷粉器、土壤消毒机、拌种机等，其中喷雾机应用广泛，植保机械主要用于病虫害的防治。

（5）收获机械。主要是联合收割机，其生产效率高，能一次完成收割、脱粒、分离和清粮等作业，收获总损失小。

（三）主要农机具使用方法

机械农具的种类较多，且多为专人负责、专人使用，各地可根据实际机械的应用情况选择训练，这里仅就常用播种机的使用简述如下：

（1）作业前播种机主要技术状态检查。机架不应弯曲成倾斜，安装开沟器的横梁其弯曲度不超过 10 mm；行走轮不得有较大摆动，其摆动幅度不超过 10 mm；种子箱无裂缝，箱盖完整，输种管畅通不外漏；起落机构灵活可靠，排种器传动机构能随开沟器的起落而正确地分离或接合传动；排种机构完好，无损坏变形，排种槽轮工作长度一致，排种均匀，其不均匀度不得大于 4%；开沟器本身无变形，转动灵活，按规定行距和高度安装，各行距偏差和高低偏差不超过 5 cm。

（2）开沟器的配列。播种前，应根据规定的行距正确地配置开沟器，使各开沟器之间的距离与田间实际行距保持一致，否则需调整开沟器之间的距离。

（3）播种量调节。可以在室内进行，也可以在田间测试。

（4）穴距调整。一般可按说明书上列表规定，选用合适孔数的槽盘及适宜的传动比即可。若无表可查，也可以进行试验：根据所播种籽粒大小选择槽盘，初步选定一个传动比，拉动播种机前进一定距离，测量播下的种子穴距是否符合要求，如穴距大应减少传动比，反之则加大传动比，直到符合要求为止。

（5）播种深度调节。悬挂式播种机，改变地轮上下安装位置，就可以实现播种深度调节；牵引式播种机，可以直接传动播深调节手轮来调节播种深度。

（6）播种质量检查。在选定的测定点，顺播种行的走向拨开 1 m 长的覆土，直至种子露出，查数种子粒数，即得 1 m 长度的播种行内实播种子粒数，可与根据播种量计算出每米长度内应播种子粒数进行比较。在播种区内，按对角线方向随机选取 10 个以上测定点，检查时每个测定点可拨开覆土直至发现种子为止，顺播种方向贴地表水平放置直尺，再用另外一根带刻度的直尺测量出已播种子至地表直尺的垂直距离。多个测定点检查完成后，计算平均播种深度，平均播种深度与规定播种深度的偏差不应大于 0.5～1.0 cm，一般规定播深为 3～4 cm 时，偏差不超过±0.5 cm，规定播深为 4～6 cm 时，偏差不超过±0.7 cm，规定播深为 6～8 cm 时，偏差不超过±1.0 cm。

四、训练步骤方法

（1）农具识别。结合本校实际农具情况，在老师讲解的基础上，学生自己学习认识各种农具名称、简要结构和用途。

（2）手工农具训练。可以结合生产项目进行各种手工农具使用练习，也可以单独留出一块空地练习使用各种农具。先由教师讲解示范，制定标准，学生按照标准反复训练直至掌握为止。

（3）农机具训练。以播种机为主，也可以结合学校生产实际选择适应本地的机械农具练习，最好由专业人员现场示范并指导，注意安全。

五、技能考核标准及配分

本技能满分 100 分，要求达到 80 分以上。

（1）能识别农机具，说出名称，20 分。

（2）给出的农机具，能说出其作用和使用方法，30 分。

（3）正确使用农机具进行酿酒专用粮生产，50 分。

六、作业

酿酒专用粮生产中常用的农机具有哪些，各有什么用途。

综合实训六　酿酒专用粮生产投入、产出及经济效益分析

一、实训目的

了解酿酒专用粮生产的成本项目及核算方法，产出项目及核算方法，能够分析酿酒专用粮生产经济效益，为酿酒专用粮生产提供依据。

二、训练场所、用具及材料

（1）训练场所：实训室。

（2）用具及材料：田间生产数据、计算器、笔、本。

三、 实训内容

（一）生产投入

1. 费用及其分类

费用是企业或农户在一定时期内生产经营农产品过程中所发生的各种耗费。为了正确计算农产品成本，按劳动消耗的不同，一般将费用分为物质费用和人工费用两部分。物质费用按其经济内容（费用发生的原始形态—费用要素）又分为：①为进行农业生产而耗费的一切外购（或自产）的材料，如种（苗）、肥料、农药、农膜，半成品、包装物、低值易耗品、修理用备件、排沼、燃料和动力等；②按固定资产折旧率计算提取的折旧费；③农业企业按规定从生产成本中提取的职工福利费和预提的大修理费用；④按规定应计入营业费用的借款利息支出；⑤应计入成本费用的各种税金；⑥其他不属于以上各要素的物质费用支出，如用于管理和销售等方面的物质费用。人工费用是指应计入成本费用的人工活劳动消耗，一般以实际支付的劳动报酬或劳动者相应的机会成本计算，包括：①从事农业生产的直接人工费用；②从事管理与销售等方面的间接人工费用。费用的这种分类能够反映出农业生产经营活动中费用的全部耗费情况和费用总额的构成情况，为计算酿酒玉米生产净产值提供依据。

2. 成本及其核算原则与要求

（1）正确确定成本核算对象。所谓成本核算对象就是在成本计算过程中，为汇集和分配成本费用而确定需要承担费用的具体产品项目，即费用的承担者。对同时生产的几种产品只有分门别类地进行核算，才能得出每种产品的成本。

（2）正确划清成本计算期。所谓成本计算期是指计算产品成本的时间，农产品的生产过程往往要经过许多阶段，而且许多产品是随市场情况不断出售的。所以，在核算成本时，要明确对哪个时期的产品进行核算，这个被确定的时期就是成本计算期。现行农业财务制度规定，农产品成本应当按产品的生产周期在产品产出的月份核算，即农产品的成本费用，从开始生产计算至以下阶段：粮豆的成本费用算到能够销售为止；不入库、不入窖的鲜活农产品的生产成本算到销售为止。

（3）做好成本核算的基础工作。为及时准确地核算农产品生产过程中发生的各项成本费用，农户应按成本核算对象设置原始记账登记簿，随时记录好资产、直接与间接的各项物质和用工支出以及经营收入等相关原始内容。

3. 农产品成本费用计算

将与某农产品生产相关的成本和分配的费用归集起来则可以计算该产品的全部费用。

有了费用、产品产量和播种面积的资料，就可以分别计算产品成本。

（二）产出

产出是指生产成果。农产品产出就是指在人们从事农业生产及相关劳务活动过程中创造的全部使用价值量或价值量。它以实物形式表现为农业产品及其副产品或加工产品的总产量，以价值形式则表现为总产值或总收入。

农产品产出的全部价值也是由三部分构成：一是由消耗的生产资料转移过来的价值（c）；二是必要劳动创造的价值（v）；三是剩余劳动创造的、形成利润的价值（m）。（c＋o）形成成本费用，（v＋m）是活劳动创造的新价值（通常称净产值）。这样，农产品产出就可以按不同要求分别用以下指标衡量：总产量或总产值（c＋v＋o），净产值（v＋m），利润（o）。

总产量是指企业或农户在一定时期内生产出的可供出售的主副农产品以及半成品的数量之和。总产量是产出的实物量指标，它以实物单位为计量单位。不同计量单位的产量之间不能直接加总。例如，200 kg 小麦和 100 kg 玉米是无法直接加在一起的。

总产值是指企业或农户在一定时期内产出的以货币表示农产品总产量的价值。

（三）经济效益分析

1. 经济效益概念

经济效益是反映所得（或产出）与所费（或投入）和利润等因素之间关系的指标。在社会主义市场经济条件下，它是综合反映人们从事经济活动以满足市场需求和实现避利性效果的指标。从“所得”与“所费”相配比、“产出”与“投入”相联系的角度来评价经济效益时，可用以下公式表示：$E=Y-L$，或 $E=Y/L$。式中，E 为经济效益绝对值，Y 为所得（产出），L 为所费（投入），实践中，经济效益有正、负和零效益。

2. 农产品经济效益分析指标

从联系农产品产出与投入两方面内容入手，经济效益分析指标主要包括绝对指标（也称差额指标）和相对指标（也称比值指标）两大类。

（1）绝对指标。绝对指标是反映农产品产出减去投入的差额的指标。在计算时，应注意投入与产出的计算单位必须一致。这类指标主要作用是用净产值反映经济效益，可以消除由于物化劳动的价值转移所带来的影响。

（2）农产品纯收益。纯收益是指总产值与含税总成本的差额，即纯收益＝总产值－含税总成本＝总产值－总生产成本（物质费用＋人工费用）－税金。在计算总产值时，对产品出售的部分按实际出售价计算，对自己消费的部分则可参考当地实际销售该产品的市场价格计算。

（3）相对指标。相对指标是以产出与投入相除的地位反映经济效益的指标。劳动净产率即总产值扣除物质费用后与人工费用的比率。它反映单位劳动投入的产出效率。

劳动净产率＝（总产值－物质费用）/人工费用＝净产值/人工费用。物质费用净产率即总产值扣除人工费用后与物质费用的比率。它反映物资投入的产出效率。物质费用净产率＝（总产值－人工费用）/物质费用。

成本纯收益率即纯收益与总生产成本的比率。它反映单位投入所得的纯收益；该指标值越大说明单位投入所产生的效益越好。成本纯收益率＝纯收益/总生产成本。

成本利润率即利润与总成本的比率，当利润是农产品销售利润时，计算出的则是：成本销售利润事＝利润/总成本。

四、实训步骤方法

（1）收集整理资料。可以由教师提供，也可以让学生自己调查寻找，就某一单位或农户的酿酒玉米生产资料进行统计整理。

（2）实际案例分析。分析现有的农业生产案例，明确计算方法。

（3）生产成本分析计算。指出成本项目并计算。

（4）产品产出分析计算。分析产品内容并计算收入情况。

（5）经济效益分析。分析酿酒玉米生产的经济效益并评价。

五、考核标准及配分

本技能满分 100 分，要求达到 70 分以上。

（1）生产投入项目全面，计算方法正确，30 分。

（2）产出项目全面，计算方法正确，20 分。

（3）结果计算准确，30 分。

（4）投入与产出效益分析得当，20 分。

六、作业

选择一户农民，分析酿酒专用粮生产投入与效益，并提出建议。